U0382960

范宗骥　欧阳学军　黄忠良　张强　主编

SPM 南方出版传媒
广东科技出版社｜全国优秀出版社
·广　州·

图书在版编目（CIP）数据

鼎湖山常见鸟类图鉴 / 范宗骥等主编．—广州：广东科技出版社，2019.10
ISBN 978-7-5359-7252-1

Ⅰ．①鼎…　Ⅱ．①范…　Ⅲ．①鼎湖山—鸟类—图集　Ⅳ．① Q959.708-64

中国版本图书馆 CIP 数据核字（2019）第 188828 号

鼎湖山常见鸟类图鉴

出 版 人：朱文清
责任编辑：罗孝政
封面设计：柳国雄
责任校对：陈　静
责任印制：彭海波
出版发行：广东科技出版社
（广州市环市东路水荫路 11 号　邮政编码：510075）
销售热线：020-37592148 / 37607413
http：//www.gdstp.com.cn
E-mail：gdkjzbb@gdstp.com.cn（编务室）
经　　销：广东新华发行集团股份有限公司
印　　刷：广州市岭美文化科技有限公司
（广州市荔湾区花地大道南海南工商贸易区 A 幢　邮政编码：510385）
规　　格：889 mm×1 194 mm　1/32　印张 4.75　字数 100 千
版　　次：2019 年 10 月第 1 版
2019 年 10 月第 1 次印刷
定　　价：39.80 元

# 《鼎湖山常见鸟类图鉴》

## 编委会


主　　编：范宗骥　欧阳学军　黄忠良　张　强

编　　委（按姓氏拼音顺序）：

陈　安　陈伟明　陈智方　范宗骥　黄忠良

欧阳学军　彭丽芳　宋祝秋　张　强

《鼎湖山常见鸟类图鉴》是鼎湖山国家级自然保护区生物多样性系列丛书之一。本书从自然科学普及的角度出发，科学系统地为广大读者展现了鼎湖山自然保护区不同目、科的114种常见鸟类。每种鸟类都详细介绍了目、科、学名（拉丁名）、中文名、英文名、识别特征、生境类型、习性、分布范围和居留型等信息，并配有精美的图片，图文并茂，便于识别，是一部具知识性、观赏性、实用性于一体的区域鸟类图鉴。书末附有鼎湖山自然保护区鸟类名录，以及学名、英文名、中文名索引，便于读者查阅。

《鼎湖山常见鸟类图鉴》可为中小学生、观鸟爱好者、生态旅游爱好者、摄影爱好者学习提供参考。

# 前言

鼎湖山国家级自然保护区（下称鼎湖山自然保护区）地处广东省肇庆市鼎湖区境内，在北回归线附近，东距广州市 86 千米，西离肇庆市区 18 千米。全境位于北纬 23° 09´ 21"~23° 11´ 30" 和东经 112° 30´ 39"~112° 33´ 41" 之间，属于南亚热带季风湿润型气候，最高峰鸡笼山海拔 1 000.3 米，总面积约 1 133 公顷，其主要保护对象为南亚热带地带性森林植被类型—季风常绿阔叶林及其野生生物物种（图 1、图 2）。

鼎湖山自然保护区始建于 1956 年，是新中国的第一个自然保护区，也是唯一一个隶属于中国科学院的保护区，由中国科学院华南植物园负责管理。1980 年，成为我国首批纳入联合国教科文组织“人与生物圈（MAB）”计划的世界生物圈保护区之一。2013 年，鼎湖山国家级自然保护区管理局被环境保护部、国家林业局、农业部、国土资源部、国家海洋局、水利部、中国科学院评为“全国自然保护区管理先进集体”。

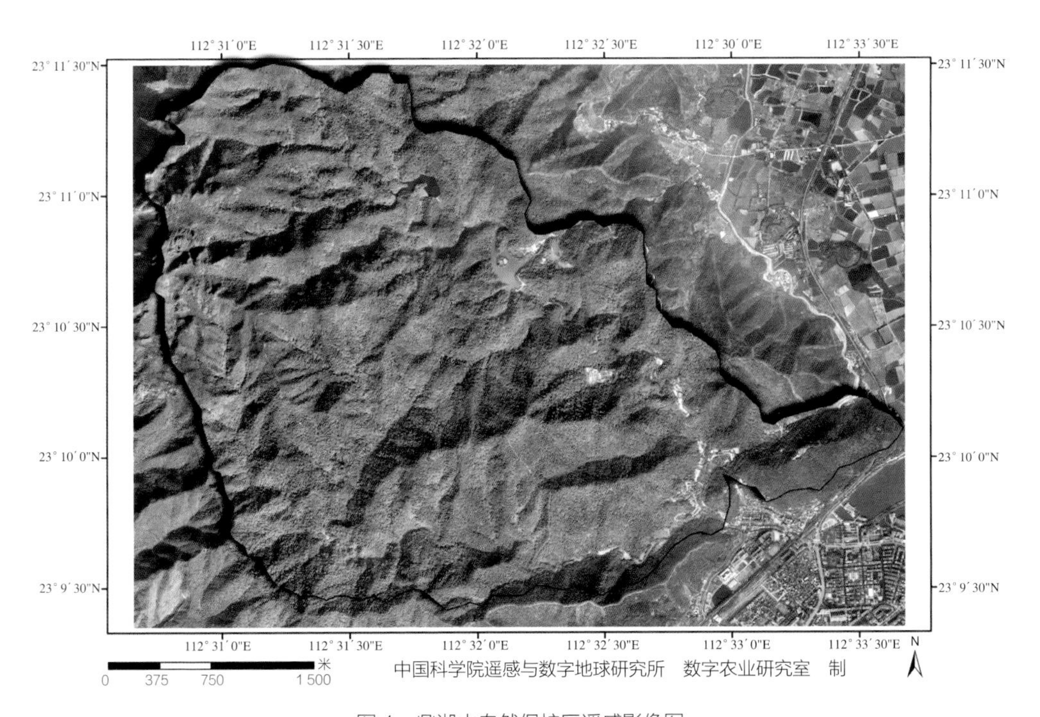


图 1 鼎湖山自然保护区遥感影像图

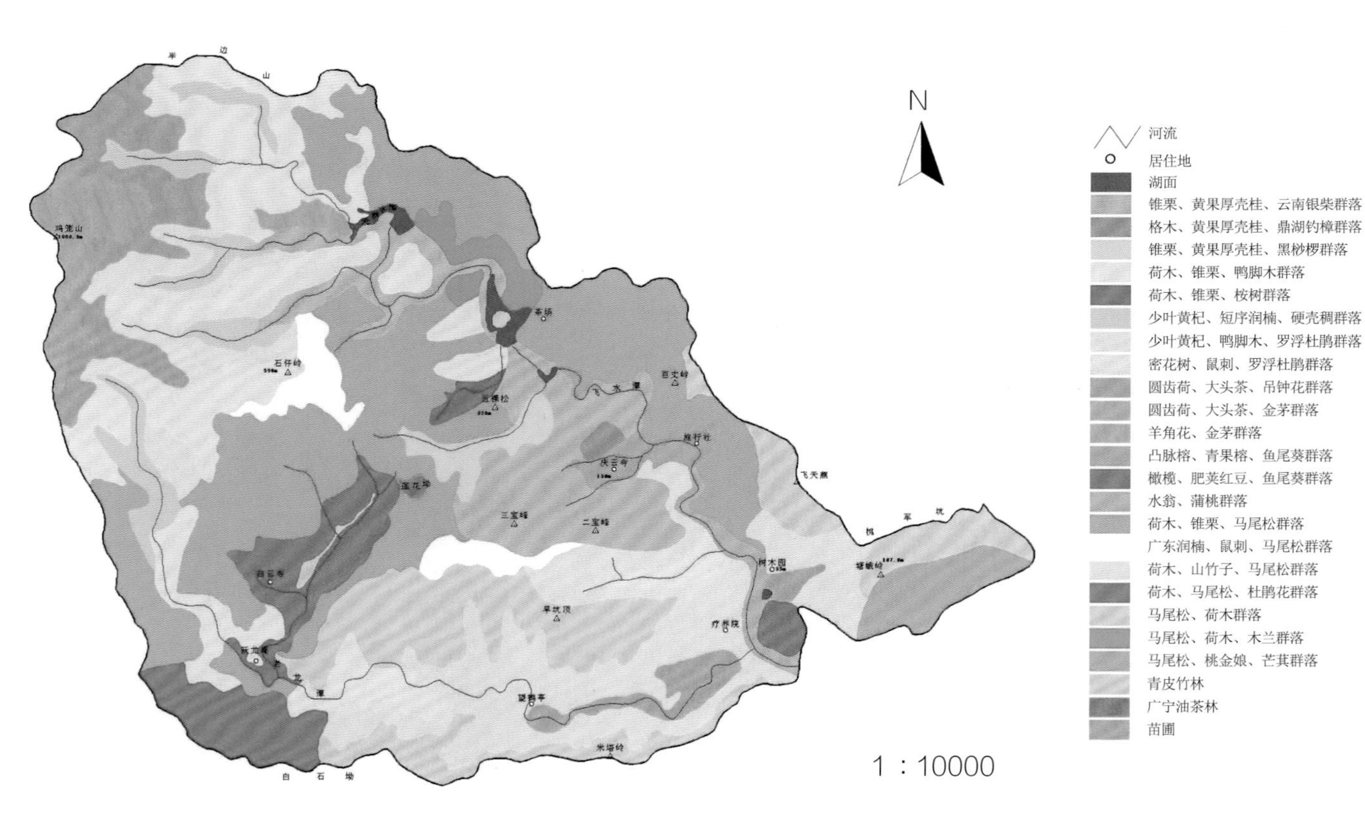


图2　鼎湖山自然保护区植被分布图（华南植物园制）

鼎湖山自然保护区蕴藏着丰富的自然资源，是我国华南地区生物多样性最富集的地区之一。全区植被类型多样、物种丰富，分布有野生高等植物1 778种，鸟类260种，兽类41种，两栖类23种，爬行类54种，已鉴定的昆虫713种（其中蝴蝶198种、白蚁18种），已鉴定的大型真菌836种。其中，国家重点保护野生生物90种（动物43种、植物47种），如桫椤（*Alsophila spinulosa*）、小灵猫（*Vuerricula indica*）、白鹇（*Lophura nycthemera*）、虎纹蛙（*Hoplobatrachus chinensis*）和三线闭壳龟（*Cuora trifasciata*）等；此外，以鼎湖山命名的或以鼎湖山为模式产地的植物多达48种。因此，鼎湖山被生物学家称为“物种宝库”和“基因储存库”。

鼎湖山是国内较早开展鸟类调查研究的地区，文献资料显示鼎湖山首次开展鸟类调查研究可以追溯到20世纪初（1901—1908年），当时是由英国的两名海军官员Robert Vaughan和Kenneth Hurlstone Jones在巡逻期间进行的，并在《IBIS》期刊上发表了鼎湖山的森林鸟类。时隔半个世纪后，国内的鸟类学者才陆续对鼎湖山鸟类资源进行了较为详细的报道。同时，针对鼎湖山的鸟类研究，从20世纪80年代开始逐渐深入，主要包括鸟类群落/种群生态学、行为学及生理生化等。由于鼎湖山自然保护区内98%的面积为森林，其余包括水域等人工设施面积仅占2%，因此，鼎湖山在鸟类组成上以森林鸟类为主。根据森林鸟类的栖息活动情况，将其划分为5个生境分布区（即马尾松人工林区、丘陵山地次生林区、低山沟谷自然林区、山顶灌木草丛区和保护区外围农耕区）。其中，在最具代表性的三种林型中，鸟类群落多样性随着植被类型的正向演替（针叶林→混交林→阔叶林）呈现增高的趋势。同时，鼎湖山地区不同生境鸟类资源，随着植被结构的改变和人为干扰等因素的影响，其群落结构也在不断发生演替变化。

在鼎湖山自然保护区的260种鸟类中，区系组成主要在东洋界的鸟类有137种，占52.7%；主要在古北界的鸟类有32种，占12.3%；广布于古北界、东洋界的广布种鸟类有90种，占34.6%；仅有1种目前尚不知其区系情况。因此，鼎湖山的鸟类以东洋界成分最多，其次为广布种，古北界的种类相对较少。鸟类区系具有明显的热带、亚热带特征，且以热带特征为主。而在居留型上，鼎湖山自然保护区以留鸟为主（118种，占45.4%），其次为冬候鸟（84种，占32.3%）、夏候鸟（34种，占13.1%）和旅鸟（24种，占9.2%）。分布有国家重点保护野生鸟类34种，其中属国家Ⅰ级的有2种，分别是黑鹳（*Ciconia nigra*）和金雕（*Aquila chrysaetos*）；属国家Ⅱ级的有32种，如黑翅鸢（*Elanus caeruleus*）、凤头鹰（*Accipiter trivirgatus*）、白尾鹞（*Circus cyaneus*）、红隼

（*Falco tinnunculus*）、领角鸮（*Otus lettia*）、斑头鸺鹠（*Glaucidium cuculoides*）、褐翅鸦鹃（*Centropus sinensis*）、蓝翅八色鸫（*Pitta moluccensis*）及灰喉针尾雨燕（*Hirundapus cochinchinensis*）等。此外，根据《中国脊椎动物红色名录》所采用的世界自然保护联盟（IUCN）“物种红色名录”评估标准，鼎湖山鸟类主要以无危物种（227种，占87.3%）居多，近危（25种，占9.6%）、易危（4种，占1.5%）物种相对较少，仅棉凫（*Nettapus coromandelianus*）1种为濒危物种，另有3种数据缺乏。

自2013年开始，笔者对鼎湖山自然保护区鸟类进行了系统的监测调查，并拍摄了大量野外鸟类照片，积累了丰富的一手资料。其中，有不少鸟类物种是首次在鼎湖山被发现。目前，本书共收录了鼎湖山自然保护区常见鸟类12目43科114种，物种的收录以公开发表的文献和专著为主，而鼎湖山新发现的物种则是根据近几年的实际野外调查结果所得。本书是在多年积累的工作基础上，参考其他学者的研究成果编著而成，书中采用的鸟类分类系统主要依据郑光美2017年出版的《中国鸟类分类与分布名录》（第三版）。

在本书的编撰、出版过程中得到了各位专家学者、鸟类爱好者的关心和支持。广东省生物资源应用研究所邹发生研究员、张强副研究员，中国科学院华南植物园叶清研究员、黄忠良研究员、欧阳学军副研究员在初稿的写作及修改过程中提出许多中肯的意见；刘莉女士、叶小新先生、张建先生、赵穗成先生、黎炳雄先生、钟润德先生为本书提供非常精美的鸟类图片；肇庆市北岭山林场陈安高级工程师、陈伟明高级工程师在野外调查工作中给予了帮助。谨此，在《鼎湖山常见鸟类图鉴》出版之际，向对本书给予帮助和提出宝贵意见的专家、朋友，致以诚挚的谢意！

由于编者水平有限，本书一定存在疏漏和不妥之处，敬请专家和广大读者批评指正。

编　者<br>2018年12月

# 目录

# 野外观鸟须知

观鸟，是指在自然环境中，通过肉眼或借助望远镜等设备，在不影响野生鸟类正常生活的前提下，观察鸟类的形态、行为和习性等。同时，观鸟也是一项喜闻乐见的娱乐活动。我们无论走到哪里，都会被鸟儿那婉转的歌声、婀娜的身姿和漂亮的色彩所吸引。当对鸟儿有了一定了解之后，就可以让我们的生活更加充实，更加有意义。目前，观鸟活动越来越受到大家的关注，观鸟爱好者越来越多，他们来自不同的行业，上至离退休人员，下至青少年，遍布世界各地。

观鸟是鸟类学研究的基本功，也是比较容易开展的活动之一，只要我们带着望远镜、鸟类图鉴和笔记本就可以开展工作了。下面介绍一下我们常用的一些观鸟设备。

## 1. 望远镜

望远镜分为双筒和单筒两种。双筒望远镜的倍率较低，一般为7~10倍，轻便容易携带，通常手持使用，常用于观察森林鸟类。单筒望远镜的倍率较高，一般为15~60倍，常用于观察不易接近的鸟类（如水鸟等），并结合三脚架和云台使用，以确保望远镜的稳定。

通常我们使用的望远镜有两个重要参数，如8×42或45×85等，前面的数字表示放大倍数，后面的数字表示物镜口径（以毫米计）。所谓放大倍数，可以理解为当肉眼看

双筒望远镜

单筒望远镜

到高度为 1 米的物体，使用 8 倍望远镜看到的该物体高度则为 8 米。双筒望远镜的倍数越高，观测视场越小、越暗，观测效果下降，尤其是高倍数带来的晃动也会大大增加，使得观测物体不稳定。而物镜口径越大，观测视场和亮度也越大，能够在光线暗淡的情况下看得更清楚，但口径越大，体积、重量也会增加，成本变高，携带也不方便。

### 2. 鸟类图鉴

鸟类图鉴是帮助观鸟者识别鸟类的重要工具之一。鸟类图鉴可以介绍对某一地区的野生鸟类，让观鸟者从鸟类的形态、特征、习性、分布状况等信息进行识别，形式可以为手绘式图鉴、标本式图鉴和实物照片式图鉴。

《中国鸟类野外手册》属于手绘式图鉴，它将鸟类的所有特征及分布状况清晰地展现在图画上，让读者更加清楚地认识每一种鸟类的形态特征。《中国鸟类图鉴》(便携版)属于实物照片式图鉴，它更加全面地统计了中国的鸟类种类，并以照片的形式，将鸟类的实际形态、颜色、生境等信息直观地展示给读者，同时分类体系也按照鸟类学的科学分类系统进行编排。此外，还有分地区的鸟类图鉴，如《中国香港及华南鸟类野外手册》《澳门鸟类》《北京鸟类图鉴》《四川鸟类原色图鉴》等，以及分类群的鸟类图鉴，如《猛禽观察图鉴》等。

### 3. 记录工具

野外记录是观鸟的重要内容，只要我们有笔和笔记本就能完成，但应及时将所观察到的鸟类信息记录下来，内容越详细越好。一份完整的观鸟记录，应包括日期、地点、经纬度、海拔、天气、调查线路、调查人员、鸟类种类、数量、生境类型、形态特征、高度、行为（集群、觅食、求偶、鸣唱、飞行等）等信息。

野外记录时建议使用铅笔或圆珠笔，这样就不会因雨水而导致字迹模糊不清。如野外遇有未能识别的鸟种，应及时将鸟类的体型、大小、嘴型、体羽的颜色、嘴的颜色、脚的颜色、虹膜的颜色、习性及飞行姿势等信息记录下来，以便随后查证。

### 4. 拍鸟设备、录音笔和 GPS 定位仪

数码相机、长焦镜头、录音笔、GPS 定位仪可以作为观鸟的辅助设备，根据各自的经济实力选择相应器材。相机可以拍下鸟类的影像，如有新发现可以以此为证，同时还能记录下鸟类的不同行为特征等；录音笔可以记录鸟类鸣叫的不同声音，对闻其声不见其影的鸟类有很好的辨别作用，在记录鸣声的同时也应将地点、生境、海拔、是否见到鸟等信息记录下来，有利于他人查阅；GPS 定位仪可以导航和记录地理信息等。

数码相机、长焦镜头

录音笔

GPS 定位仪

### 5. 着装

以穿同环境颜色接近的服饰为原则，样式因人而异，以舒适轻便为主，要有足够的衣服口袋，方便存放如鸟类图鉴、笔记本、笔、录音笔、GPS 定位仪等。

### 6. 注意事项

A. 保护自身安全。a. 不要将望远镜对准太阳，防止灼伤眼睛；b. 外出观鸟时要带足食物、水和药品等，以防受伤及蛇虫鼠咬；c. 不要独自前往沼泽、悬崖等危险地方；d. 单独外出时应带上通讯设备，方便联系。

B. 保持安静。不要大声喧哗、吹口哨、击掌、投掷石头等，减少对野生鸟类的惊扰。

C．如遇鸟类筑巢或繁殖期，严禁移走鸟巢周围的遮挡物，保证鸟巢的隐蔽性；同时，应保持适当距离，不要长时间观察鸟巢或雏鸟，避免鸟类受到惊吓弃巢而影响繁殖。

D．观鸟时不要随意晃动手臂，切勿伸手去指鸟的位置。

E．爱护自然环境。不要因方便观察而随意攀折花木，破坏植被；要将随身所带的废弃物带离自然环境，不要随地乱扔。

# 常见鸟类名词和术语解释

### 1．种类信息

学名：由属名和种名组成（林奈的“双名法”），统一用拉丁文文字构成，为国际通行的学术名称。

属：介于科和种之间的生物分类单位。

种：生物分类的基本单位。

特有种：因历史、生态或生理因素等原因，造成其分布仅局限于某一特定区域，而未在其他区域出现的物种。

亚种：指同一物种受不同生活环境的影响，在形态结构或生理机能上产生差异的种群，不同的亚种间仍可繁育后代。

### 2．生态类型

按照鸟类的生态习性和形态特点，将鸟类大致分为攀禽、陆禽、猛禽、涉禽、游禽和鸣禽六大类。

攀禽：足趾构造特殊，善于在岩壁、石壁及树干上攀缘；喙尖利，尾羽起到支撑体重的作用。如啄木鸟、杜鹃、翠鸟等。

陆禽：脚强劲有力，善于奔走，适于挖土，多在地面活动。如雉类和鸠鸽类。

猛禽：喙和爪强壮有力，末端具锐利的弯钩；捕食其他动物。如鹰形目、隼形目、鸮形目鸟类。

涉禽：具有“三长”特征，即喙长、颈长、后肢长；适合在浅水中涉水前行，常用喙插入水底或地面取食。如白鹭、秧鸡、鹤类等。

游禽：脚趾间具蹼，善于游泳和潜水。如雁鸭类、鸬鹚、潜鸟等。

鸣禽：鸣管和鸣肌发达，善于鸣唱；种类繁多，所有雀形目鸟类都属于鸣禽。如红嘴相思鸟、大山雀、喜鹊等。

### 3. 居留型

指相对于某地区而言，鸟类在该地区居留的季节性。

留鸟：终年生活在一个地方，不随季节迁徙的鸟种。

冬候鸟：秋天到达，冬季在某地区越冬，翌年春天飞往繁殖地的鸟，这种鸟就称为该地区的冬候鸟。

夏候鸟：春天到达，夏季在某地区繁殖，秋天飞往越冬地的鸟，这种鸟就称为该地区的夏候鸟。

旅鸟：在迁徙途中，经过某地区时短暂停留歇息，不在该地区越冬和繁殖的鸟。

迷鸟：在迁徙过程中受恶劣天气或其他自然因素的影响，偏离自身迁徙路线，意外出现在某地区的鸟。

### 4. 鸟类的体羽

夏羽：春夏季换上的较艳丽的羽毛。

冬羽：繁殖季后在冬季出现的素色羽毛。

繁殖羽：繁殖期为了求偶而出现的靓丽羽色。

非繁殖羽：繁殖期后羽毛换成较暗的色彩。

冠羽：头部突出的羽毛。

### 5. 鸟类的不同年龄结构

雏鸟：指不能独立生活，尚未离巢的个体。

幼鸟：稚羽刚刚换成正常体羽，羽翼初丰可飞行的鸟。

亚成鸟：指与成鸟同样大小，但未达到性成熟的鸟。

未成鸟：泛指不是成鸟的个体，包括雏鸟、幼鸟和亚成鸟。

成鸟：成熟个体，具有繁殖能力的鸟。

### 6. 其他常见鸟类名词

额：与上喙基部相连的头的最前部。

冠纹：头顶中央的纵纹。

耳羽：眼后耳孔上方区域的羽毛。

过眼纹（或称贯眼纹）：自眼先穿过眼，延伸至眼后的纵纹。

颏：喙基部腹面所连接的一小块羽区。

翼斑：翼上覆羽端部与基部的色彩有异时形成的色斑。

蜡膜：鸟类上喙基部裸露的蜡状或肉质结构。

蹼：两趾间粘连的一层皮肤，有助于游泳。

迁徙：鸟类作有规律的地理上的迁移，是遵循自然环境的一种生存本能。

夜行性：夜间活动的鸟，如夜鹰、猫头鹰一类多为夜行性。

繁殖期：配对的两只鸟，完成筑巢、产卵、孵卵、照顾雏鸟直到其能独立生活的这段时间。

栖息地：鸟类繁殖和生活的场所。

7. 鸟类身体各部位

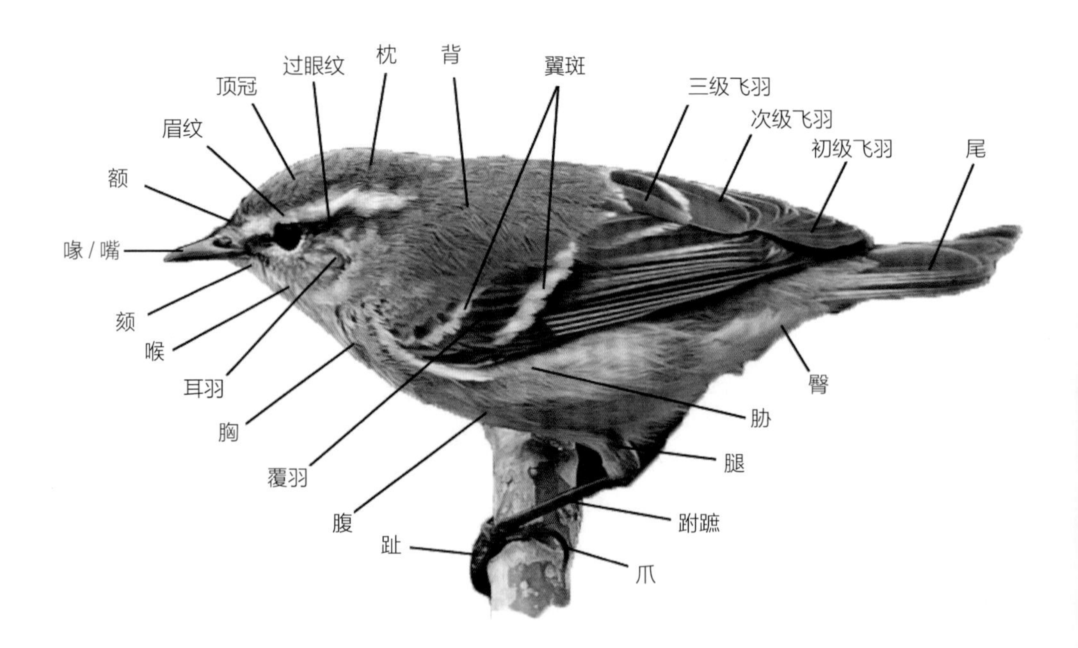

鸡形目 Galliformes　雉科 Phasianidae　体长：24~37 厘米

# 灰胸竹鸡（huī xiōng zhú jī）

**识别特征**：以颈部的灰蓝色“项圈”为主要辨别特征，眉纹也为灰蓝色，与脸、喉的棕色形成鲜明对比。上背、胸侧及两胁具月牙形的褐斑。上体淡棕色，下体浅黄色。虹膜浅褐色，喙黑色，脚灰绿色。

**生境类型**：栖息于季风常绿阔叶林、针阔混交林及竹林、山地灌丛。

**习性**：常以家族群活动，叫声似“鸡狗拐”，高亢且连续。杂食性，主要觅食果实、种子、嫩叶及昆虫等。

**分布范围**：中国鸟类特有种，分布于长江以南及台湾岛。鼎湖山见于整个保护区。

红外相机拍摄

- 学　　名：*Bambusicola thoracicus*
- 英 文 名：Chinese Bamboo Partridge
- 居 留 型：留鸟
- 保护级别：无

红外相机拍摄

鸡形目 Galliformes　雉科 Phasianidae　　体长：94~115 厘米

# 白鹇（bái xián）

- 学　　名：*Lophura nycthemera*
- 英 文 名：Silver Pheasant
- 居 留 型：留鸟
- 保护级别：国家Ⅱ级重点保护野生动物
- 附　　注：广东省省鸟

**识别特征**：雄鸟上体白色并具黑色纹，下体黑色，头顶具黑色长羽冠，尾白而长。雌鸟体型较小，以橄榄褐色为主，下体具白色或皮黄色细纹。虹膜褐色，眼周具红色裸皮，喙黄色，脚鲜红色。

**生境类型**：栖息于季风常绿阔叶林、针阔混交林及马尾松林。

**习性**：常成对或以家族群活动，冬季可结成 20 只左右的大群。杂食性，主要觅食种子、果实及昆虫等。

**分布范围**：中国分布于华南、华中及西南地区；国外分布于印度北部、尼泊尔、越南、老挝、柬埔寨、缅甸、泰国。鼎湖山见于整个保护区。

雄鸟（红外相机拍摄）

雌鸟（范宗骥　摄）

冬季集群（红外相机拍摄）

䴙䴘目 Podicipediformes　䴙䴘科 Podicipedidae　体长：27 厘米

# 小䴙䴘（xiǎo pì tī）

◆ 学　　名：*Tachybaptus ruficollis*
◆ 英 文 名：Little Grebe
◆ 居 留 型：留鸟
◆ 保护级别：无

**识别特征**：体型最小的䴙䴘。繁殖羽头顶和上体深褐色，颊、喉、前颈栗红色，下体灰白色；具有明显的黄色喙斑。非繁殖羽头顶和上体灰褐色，其余部分灰白色。

**生境类型**：栖息于湖泊、池塘及水库等水域。

**习性**：常单独或成对活动，善潜水，飞行时需要在水面助跑并常带有鸣唱，主要觅食小型鱼类、蛙类及水生昆虫等。

**分布范围**：中国广泛发布；国外广布于欧亚大陆、非洲、东南亚及南亚。鼎湖山见于天湖、鼎湖、树木园池塘及外围农耕区。

非繁殖羽（叶小新　摄）

繁殖羽（赵穗成　摄）

鸽形目 Columbiformes 鸠鸽科 Columbidae

体长：32 厘米

# 山斑鸠（shān bān jiū）

**识别特征**：颈侧具明显黑白色条纹的块状斑，上体深褐色、具扇贝状斑纹，羽缘棕色，尾羽近黑色，下体多偏粉色。虹膜黄色，喙灰色，脚粉色。

**生境类型**：栖息于针阔混交林、季风常绿阔叶林、果园及农耕区。

**习性**：多成对活动于开阔农耕区、村舍、寺院周围及防火林带。取食于地面，主要觅食植物种子、果实、嫩芽等，也吃昆虫。

**分布范围**：中国常见且分布广泛；国外分布于不丹、尼泊尔、巴基斯坦、印度、日本等。鼎湖山见于庆云寺、白云寺、莲花坳、百丈岭、飞天燕、迪坑、树木园及鸡笼顶。

- 学　　名：*Streptopelia orientalis*
- 英 文 名：Oriental Turtle Dove
- 居 留 型：留鸟
- 保护级别：无

（刘莉　摄）

（赵穗成　摄）

鸽形目 Columbiformes　鸠鸽科 Columbidae

体长：30 厘米

# 珠颈斑鸠（zhū jǐng bān jiū）

**识别特征：**颈侧具满是白点的黑色斑块为主要辨别特征，外侧尾羽黑色且具宽阔的白色端斑。虹膜橘黄色，喙黑色，脚红色。

**生境类型：**栖息于村庄周围、农地及城市园林绿地。

**习性：**适应各类人居环境，包括村庄周围、农田，常成对立于开阔路面。喜在地面取食，主要以植物种子为食，尤其喜爱农作物种子。

**分布范围：**中国分布于华北、华中、西南、华东及华南等开阔的低地及村庄；国外广布于东亚至东南亚，经小巽他群岛引种至其余地方，远及澳大利亚和美国。鼎湖山见于外围农耕区。

（叶小新　摄）

- 学　　名：*Streptopelia chinensis*
- 英 文 名：Spotted Dove
- 居 留 型：留鸟
- 保护级别：无

（叶小新　摄）

鸽形目 Columbiformes　鸠鸽科 Columbidae　体长：25 厘米

# 绿翅金鸠（lǜ chì jīn jiū）

◆ 学　　名：*Chalcophaps indica*
◆ 英 文 名：Emerald Dove
◆ 居 留 型：留鸟
◆ 保护级别：无

**识别特征**：尾短的地栖性斑鸠，下体粉褐色，腰灰色，翅膀亮绿色，飞行时背部黑白横纹清晰可见。雄鸟头顶灰色，额白色；雌鸟头顶无灰色。虹膜褐色，喙红色且端为橙黄色，脚红色。

**生境类型**：栖息于针阔混交林、季风常绿阔叶林及马尾松林。

**习性**：通常单个或成对活动于森林下层植被浓密处；极速低飞，穿林而过，起飞时振翅有声，饮水于溪流及池塘。喜地面觅食，主要以地面的果实、种子及昆虫等为食。常见撞玻璃现象。

**分布范围**：中国分布于云南南部、广西、海南岛、四川、广东至台湾南部及西藏东南部等地；国外分布于印度、巴基斯坦、澳大利亚及东南亚各国。鼎湖山见于庆云寺、白云寺、旱坑、三宝峰、五棵松、草塘、树木园、迪坑及望鹤亭等地。

（叶小新　摄）

（陈智方　摄）

鹃形目 Cuculiformes　杜鹃科 Cuculidae　　体长：52 厘米

# 褐翅鸦鹃（hè chì yā juān）

（黎炳雄　摄）

（刘莉　摄）

- 学　　名：*Centropus sinensis*
- 英 文 名：Greater Coucal
- 居 留 型：留鸟
- 保护级别：国家Ⅱ级重点保护野生动物

**识别特征**：体大而尾长，体羽全黑，仅上背、翼及翼覆羽为栗红色。虹膜红色，喙黑色，脚黑色。

**生境类型**：栖息于针阔混交林、马尾松林及农耕区。

**习性**：喜林缘地带，常在地面走动，但也在小灌木及树木间跳动，叫声容易辨认。杂食性，主要觅食昆虫、蚯蚓、蜥蜴及软体动物等动物性食物和果实、种子等植物性食物。

**分布范围**：中国分布于华南地区；国外分布于印度及东南亚各国。鼎湖山见于包公亭、保护区边界林缘带及外围农耕区。

（黎炳雄　摄）

鹃形目 Cuculiformes　杜鹃科 Cuculidae　体长：45 厘米

# 红翅凤头鹃（hóng chì fèng tóu juān）

（赵穗成　摄）

**识别特征**：黑色羽冠突出，背、尾黑色且具蓝色光泽，翼栗色，喉及胸橙褐色，颈圈白色，腹部近白色。虹膜红褐色，喙黑色，脚黑色。

**生境类型**：栖息于针阔混交林、马尾松林及竹林。

**习性**：常在低矮的植被中穿行和捕食昆虫，飞行时凤头羽冠收拢。主要觅食白蚁、甲虫等昆虫，偶尔也吃植物果实。

**分布范围**：中国繁殖于华北、华东、华中、华南、西南等地区；国外繁殖于印度及东南亚各国，迁徙至菲律宾及印度尼西亚。鼎湖山见于庆云寺、天湖、大旗山、飞天燕及米塔岭。

- 学　　名：*Clamator coromandus*
- 英 文 名：Chestnut-winged Cuckoo
- 居 留 型：夏候鸟
- 保护级别：无

（黎炳雄　摄）

鹃形目 Cuculiformes　杜鹃科 Cuculidae　　体长：42 厘米

# 噪鹃（zào juān）

**识别特征**：雄鸟通体黑色，雌鸟褐色并具白色点斑。虹膜红色，喙浅绿色，脚蓝灰色。

**生境类型**：栖息于季风常绿阔叶林、针阔混交林、马尾松林及山地常绿阔叶林。

**习性**：性极隐蔽，常躲在稠密的林中；常闻其声不见其影，在多种鸟类的巢中寄生产卵。主要觅食植物果实，尤喜榕树果实，也捕食昆虫。

**分布范围**：中国繁殖于华北以南地区，在海南岛为留鸟；国外繁殖于印度及东南亚各国。鼎湖山见于飞天燕、半边山、地质疗养院、树木园、旱坑、五棵松、石仔岭、三宝峰及白云寺。

- 学　　名：*Eudynamys scolopaceus*
- 英 文 名：Common Koel
- 居 留 型：夏候鸟
- 保护级别：无

雌鸟（叶小新　摄）

雄鸟（赵穗成　摄）

鹃形目 Cuculiformes　杜鹃科 Cuculidae　体长：23 厘米

# 乌鹃（wū juān）

- 学　　名：*Surniculus lugubris*
- 英 文 名：Drongo Cuckoo
- 居 留 型：夏候鸟
- 保护级别：无

**识别特征**：外形似卷尾但尾叉不明显，整体亮黑色，仅腿白色，尾下覆羽及外侧尾羽覆面具白色横斑。幼鸟具不规则的白色点斑。虹膜褐色（雄鸟）、黄色（雌鸟），喙黑色，脚蓝灰色。

**生境类型**：栖息于季风常绿阔叶林、针阔混交林及马尾松林。

**习性**：性隐蔽。主要觅食昆虫，偶尔也吃植物果实和种子。

**分布范围**：中国繁殖于西藏东南部、四川南部、云南、贵州、福建及广东，在海南岛越冬；国外繁殖于印度、印度尼西亚及菲律宾。鼎湖山见于天湖、半边山、白云寺、树木园、地质疗养院、五棵松、迪坑、旱坑及三宝峰。

（刘莉　摄）

（赵穗成　摄）

鹃形目 Cuculiformes　杜鹃科 Cuculidae　体长：28 厘米

# 棕腹鹰鹃（zōng fù yīng juān）

**识别特征**：头侧灰色，无髭纹（幼鸟除外），枕部无白色条带，颏黑而喉偏白。雄鸟胸棕色并具白色纵纹，腹白色；雌鸟胸、腹白色，并具黑灰色纵纹，尾羽有黑褐色横斑。虹膜红色或黄色，喙黑色而基部及端黄色，脚黄色。

**生境类型**：栖息于季风常绿阔叶林、针阔混交林。

**习性**：性隐蔽，叫声特别，除白天外夜晚也常鸣叫。主要觅食昆虫，偶尔也吃植物果实和种子。

**分布范围**：中国繁殖于南方地区；国外在泰国、缅甸、马来西亚为留鸟。鼎湖山见于地质疗养院、树木园、旱坑及迪坑。

- 学　　名：*Hierococcyx nisicolor*
- 英 文 名：Whistling Hawk Cuckoo
- 居 留 型：夏候鸟
- 保护级别：广东省重点保护野生动物

（赵穗成　摄）

鹤形目 Gruiformes 秧鸡科 Rallidae

体长：33 厘米

# 白胸苦恶鸟（bái xiōng kǔ è niǎo）

◆ 学 名：*Amaurornis phoenicurus*
◆ 英 文 名：White-breasted Waterhen
◆ 居 留 型：留鸟
◆ 保护级别：无

**识别特征：**头顶及上体深青色，后背至尾羽染棕褐色，脸、额、胸、上腹部白色，下腹及尾下棕色。虹膜红色，喙偏绿色，喙基红色，脚黄色。

**生境类型：**栖息于开阔地或农耕区。

**习性：**常单独活动，偶尔三两成群，在湿润的灌丛、湖边、滩涂及水稻田走动觅食。杂食性，主要觅食软体动物、昆虫、蜘蛛及小型鱼类等，也吃植物种子和嫩芽。

**分布范围：**中国繁殖于华北以南地区，越冬于西南和华南；国外分布于印度、中南半岛、菲律宾、马鲁古群岛及马来诸岛。鼎湖山见于外围农耕区。

（黎炳雄 摄）

鹤形目 Gruiformes　秧鸡科 Rallidae　体长：31 厘米

# 黑水鸡（hēi shuǐ jī）

**识别特征**：额甲亮红色，体羽青黑色，仅两胁有白色细纹形成的线条，尾下具两块醒目白斑。虹膜红色，喙暗绿色，喙基红而端黄色，脚绿色。

**生境类型**：栖息于湖泊、池塘、河流等水域。

**习性**：善于游泳和潜水，于陆地或水中时尾不停上翘，不善飞，起飞前需先在水面上助跑一段距离。杂食性，主要觅食昆虫、软体动物、蜘蛛、植物嫩芽及根茎等。

- 学　　名：*Gallinula chloropus*
- 英 文 名：Common Moorhen
- 居 留 型：留鸟
- 保护级别：广东省重点保护野生动物

**分布范围**：中国分布广泛；除大洋洲外，其他洲都有分布。鼎湖山见于树木园及外围农耕区。

（叶小新　摄）

（赵穗成　摄）

鸻形目 Charadriiformes 鸻科 Charadriidae

体长：16 厘米

# 金眶鸻（jīn kuàng héng）

◆ 学　　名：*Charadrius dubius*
◆ 英 文 名：Little Ringed Plover
◆ 居 留 型：冬候鸟、留鸟
◆ 保护级别：无

**识别特征：**喙短，额白色，具明显的鲜黄色眼圈，具黑色或褐色的全胸带。头顶前部黑色、后灰褐色；过眼纹黑色并延伸至耳羽，过眼纹上方有一条白色；喉部及颈白色，背、肩、腰、尾上覆羽灰褐色，下体白色。虹膜褐色，喙灰色，腿及脚黄色。

**生境类型：**栖息于河流和溪流的沙洲，也见于沼泽、水田及排水后的池塘地带。

**习性：**常单独或成小群活动，向前行进时以小跑的方式，警戒时头部上下点动。主要觅食昆虫、蠕虫等。

**分布范围：**中国繁殖于华北、华中、内蒙古、云南及四川南部等地，越冬于广东、福建、海南岛、台湾岛沿海及河口滩涂；国外分布于欧亚大陆、北非、东南亚等地。鼎湖山见于外围农耕区。

（黎炳雄　摄）

（黎炳雄　摄）

鹈形目 Pelecaniformes　鹭科 Ardeidae　体长：41 厘米

# 栗苇鳽（lì wěi jiān）

**识别特征：**成年雄鸟上体、飞羽及覆羽为栗色，下体黄褐色，从喉部至胸部有一条黑色中线，胸侧有黑白色斑点。雌鸟比雄鸟色淡，偏褐色。亚成体下体具纵纹及横斑，上体具点斑。虹膜黄色，喙黄褐色，脚黄绿色。

**生境类型：**栖息于湖泊、池塘及农田等。

**习性：**性隐蔽，白天栖于稻田、草地或池边矮树；飞行低，振翼缓慢有力。主要觅食小型鱼类、蛙类、黄鳝、蜘蛛及昆虫等。

**分布范围：**中国繁殖于东北、华北、华东、华南和西南地区；国外分布于日本、朝鲜、韩国、印度、巴基斯坦及东南亚各国。鼎湖山见于树木园池塘及外围农耕区。

- 学　　名：*Ixobrychus cinnamomeus*
- 英 文 名：Cinnamon Bittern
- 居 留 型：留鸟
- 保护级别：广东省重点保护野生动物

（范宗骥　摄）

（赵穗成　摄）

鹈形目 Pelecaniformes　鹭科 Ardeidae　体长：50 厘米

# 夜鹭（yè lù）

◆ 学　　名：*Nycticorax nycticorax*
◆ 英 文 名：Black-crowned Night Heron
◆ 居 留 型：留鸟
◆ 保护级别：广东省重点保护野生动物

**识别特征：**头顶、上背黑色，颈及胸白色，其余部分灰色，枕后有 2~3 条白色的丝状羽；雌鸟体型较雄鸟小。虹膜幼鸟黄色、成鸟红色，喙黑色，脚黄色。

**生境类型：**栖息于湖泊、池塘及水库等水域。

**习性：**喜结群，常成小群于晨昏和夜间活动。主要觅食鱼、蛙、虾及昆虫等。

**分布范围：**中国分布于东部季风区；国外分布于欧亚大陆、非洲、印度次大陆、东南亚和南美。鼎湖山见于外围农耕区。

（赵穗成　摄）

（黎炳雄　摄）

鹈形目 Pelecaniformes　鹭科 Ardeidae　　体长：38~48 厘米

# 绿鹭（lǜ lù）

- 学　　名：*Butorides striata*
- 英 文 名：Striated Heron
- 居 留 型：留鸟
- 保护级别：广东省重点保护野生动物

**识别特征**：头顶、上背黑色，颈及胸白色，其余部分灰色，枕后有 2~3 条白色的丝状羽。虹膜幼鸟黄色、成鸟红色，喙黑色，脚黄色。

**生境类型**：栖息于湖泊、池塘及溪流等水域。

**习性**：性孤僻，常单独活动，善于在水边伏击鱼类和蛙类等。主要觅食鱼、蛙、螺、蟹、虾及昆虫等。

**分布范围**：中国分布于东北、华南、西南、长江中下游地区、海南岛及台湾岛；国外分布于非洲、美洲、大洋洲及除中国外的亚洲各国。鼎湖山见于外围农耕区。

（黎炳雄　摄）

鹈形目 Pelecaniformes　鹭科 Ardeidae　体长：45 厘米

# 池鹭（chí lù）

◆ 学　　名：*Ardeola bacchus*
◆ 英 文 名：Chinese Pond Heron
◆ 居 留 型：留鸟
◆ 保护级别：广东省重点保护野生动物

**识别特征：**繁殖期头部、颈部栗红色，具冠羽，前胸赭褐色，背部具黑褐色蓑羽，其余白色；非繁殖期无冠羽和黑褐色蓑羽，颈部具深褐色纵纹。虹膜黄色，喙黄色、端黑色，脚黄绿色。

**生境类型：**栖息于池塘、湖泊、稻田、沼泽及水库等水域。

**习性：**喜结群，繁殖期常与其他鹭类混群营巢。主要觅食小型鱼类、蛙类、软体动物及昆虫等。

**分布范围：**中国分布于华南、华中、华北等地；国外分布于孟加拉国及东南亚各国。鼎湖山见于外围农耕区。

繁殖期（张建　摄）

鹈形目 Pelecaniformes 鹭科 Ardeidae

体长：50 厘米

# 牛背鹭（niú bèi lù）

**识别特征**：通体白色，繁殖期头、颈、胸橙黄色，背上有一束红棕色蓑羽，喙、颈较白鹭显短粗。虹膜、喙黄色，脚黑色。

**生境类型**：栖息于耕地、沼泽、水田、池塘等。

**习性**：常在水牛等牲畜周围活动，喜站在牛背上啄食翻耕出来的昆虫和寄生虫，故由此得名。主要觅食昆虫、蛙类、蜥蜴及蜘蛛等。

（张建 摄）

（赵穗成 摄）

- 学　　名：*Bubulcus ibis*
- 英 文 名：Cattle Egret
- 居 留 型：留鸟
- 保护级别：广东省重点保护野生动物

**分布范围**：中国分布于长江以南地区；全球分布于除南极之外的几乎所有大陆。鼎湖山见于外围农耕区。

鹈形目 Pelecaniformes　鹭科 Ardeidae　体长：60 厘米

# 白鹭（bái lù）

**识别特征**：全身洁白，体态纤瘦，繁殖期枕部具两条带状羽，背、胸部具略染黄色的蓑羽。虹膜黄色，脸部裸露皮肤黄绿色、繁殖期为淡粉色；喙黑色，腿和脚黑色，趾黄色。

**生境类型**：栖息于稻田、河滩、沼泽、池塘等。

**习性**：性群栖，常与其他鸟类混群。主要觅食小型鱼类、蛙类、虾及昆虫等。

**分布范围**：中国分布广泛；国外分布于欧亚大陆南部、澳大利亚、非洲等。鼎湖山见于外围农耕区。

（叶小新　摄）

- 学　　名：*Egretta garzetta*
- 英 文 名：Little Egret
- 居 留 型：留鸟
- 保护级别：广东省重点保护野生动物
- 附　　注：厦门市、济南市市鸟

（刘莉　摄）

鹰形目 Accipitriformes　鹰科 Accipitridae　体长：30 厘米

# 黑翅鸢（hēi chì yuān）

◆ 学　　名：*Elanus caeruleus*
◆ 英 文 名：Black-winged Kite
◆ 居 留 型：留鸟、旅鸟
◆ 保护级别：国家Ⅱ级重点保护野生动物

**识别特征：** 黑、白、灰三色，肩部斑块、初级飞羽黑色，与其他灰白色区域形成鲜明对比，飞行时可见黑色的初级飞羽，头顶、背、翼上覆羽、尾基部灰色，脸、颈、下体白色。虹膜红色，喙黑色、蜡膜黄色，脚黄色。

**生境类型：** 栖息于山地林缘及农耕区。

**习性：** 常振翅悬停于空中寻找猎物，多栖息于枯树或电线杆上。喜食鼠类、小鸟及昆虫等。

**分布范围：** 中国分布于华南、华东、西南地区；国外分布于南欧、北非、中亚、印度次大陆、东南亚及爪哇。鼎湖山见于林缘及外围农耕区。

（张建　摄）

（赵穗成　摄）

鹰形目 Accipitriformes　鹰科 Accipitridae　体长：50 厘米

# 蛇雕（shé diāo）

- 学　　名：*Spilornis cheela*
- 英 文 名：Crested Serpent Eagle
- 居 留 型：留鸟
- 保护级别：国家Ⅱ级重点保护野生动物

**识别特征**：成鸟头部黑白色羽冠宽而蓬松，眼及喙间黄色的裸露部分为主要辨别特征。飞行时尾部和翅膀后缘的白色横斑很好辨认。虹膜黄色，喙灰褐色，脚黄色。

**生境类型**：栖息于针阔混交林、季风常绿阔叶林及马尾松林。

**习性**：常盘旋于森林上空，边飞边叫，声音嘹亮。喜食小蛇、蛙类、鼠类等。

**分布范围**：中国分布于长江以南地区；国外分布于印度次大陆、东南亚。鼎湖山见于三宝峰、二宝峰、旱坑、白云寺、百丈岭及飞天燕。

（黎炳雄　摄）

（黎炳雄　摄）

鹰形目 Accipitriformes　鹰科 Accipitridae　　体长：42 厘米

# 凤头鹰（fèng tóu yīng）

**识别特征**：上体褐色，具明显羽冠，喉部白色且具明显黑色纵纹，下体白色且具褐色横斑，尾下覆羽白色且蓬松于体侧，飞行时明显可见。虹膜黄色，喙褐色、端黑色，脚黄色。

**生境类型**：栖息于针阔混交林、季风常绿阔叶林及马尾松林。

**习性**：多单独活动，栖息于有密林覆盖处，常长时间翱翔于空中。主要捕食蛙类、蜥蜴、鼠类及昆虫等，也吃鸟和小型哺乳动物。

**分布范围**：中国分布于西南、华南地区和台湾岛；国外分布于印度次大陆、东南亚等。鼎湖山见于大旗山、三宝峰、庆云寺、白云寺、百丈岭和飞天燕。

- 学　　名：*Accipiter trivirgatus*
- 英 文 名：Crested Goshawk
- 居 留 型：留鸟
- 保护级别：国家Ⅱ级重点保护野生动物

（范宗骥　摄）

（范宗骥　摄）

（黎炳雄　摄）

鹰形目 Accipitriformes　鹰科 Accipitridae　体长：65 厘米

# 黑鸢（hēi yuān）

（范宗骥　摄）

（赵穗成　摄）

- 学　　名：*Milvus migrans*
- 英 文 名：Black Kite
- 居 留 型：留鸟
- 保护级别：国家Ⅱ级重点保护野生动物

**识别特征：**分叉的方形尾、翅下醒目的白斑为本种的主要识别特征。深褐色猛禽，雄鸟体长稍小于雌鸟。虹膜棕色，喙灰黑色、蜡膜黄色，脚黄色。

**生境类型：**栖息于针阔混交林、季风常绿阔叶林、马尾松林、山地常绿阔叶林及农耕区。

**习性：**常利用上升气流在空中盘旋或作缓慢振翅飞行。主要捕食小型鸟类、鼠类、蛙类、蜥蜴及昆虫等，有时也吃腐肉。

**分布范围：**中国分布广泛，国外分布于欧亚大陆、印度次大陆、非洲和澳大利亚。鼎湖山见于整个保护区及外围农耕区。

（赵穗成　摄）

鸮形目 Strigiformes　鸱鸮科 Strigidae　　体长：24 厘米

# 领角鸮（lǐng jiǎo xiāo）

- 学　　名：*Otus lettia*
- 英 文 名：Collared Scops Owl
- 居 留 型：留鸟
- 保护级别：国家Ⅱ级重点保护野生动物

**识别特征：** 具明显的耳簇羽及特征性的浅沙色项圈。上体偏灰色或沙褐色，具黑色和皮黄色杂纹或斑块；下体皮黄色，有黑色纵纹。虹膜深褐色，喙黄色，脚污黄色。

**生境类型：** 栖息于季风常绿阔叶林、针阔混交林。

**习性：** 夜行性，白天多躲藏在浓密的树林间，繁殖季叫声哀婉。捕猎能力杰出，主要捕食小型鸟类、鼠类、蜥蜴及昆虫等。

**分布范围：** 中国在华南为留鸟，在东北至陕西南部为夏候鸟；国外分布于印度、巴基斯坦、日本及东南亚等国。鼎湖山见于半边山、白云寺、地质疗养院、旱坑及飞天燕。

（刘莉　摄）

（黎炳雄　摄）

鸮形目 Strigiformes　鸱鸮科 Strigidae　体长：19 厘米

# 红角鸮（hóng jiǎo xiāo）

（范宗骥　摄）

- 学　　名：*Otus sunia*
- 英 文 名：Oriental Scops Owl
- 居 留 型：留鸟
- 保护级别：国家 Ⅱ 级重点保护野生动物

**识别特征**：全身灰褐色，胸部布满黑色条纹，翼上有一排白色点斑。虹膜黄色，喙角质色，脚褐灰色。

**生境类型**：栖息于针阔混交林、马尾松林。

**习性**：为完全夜行性的小型角鸮，白天多隐藏在针叶树丛中，夜晚多在林缘、空地的树上捕食和鸣叫。主要捕食鼠类、昆虫及蜘蛛等。

**分布范围**：中国分布于东北、华北、华东至长江以南区域；国外繁殖于印度、巴基斯坦及东南亚等国。鼎湖山见于院士基地、迪坑、树木园、地质疗养院、大旗山。

鸮形目 Strigiformes 鸱鸮科 Strigidae

体长：24 厘米

# 斑头鸺鹠（bān tóu xiū liú）

- 学　　名：*Glaucidium cuculoides*
- 英 文 名：Asian Barred Owlet
- 居 留 型：留鸟
- 保护级别：国家Ⅱ级重点保护野生动物

**识别特征：**无耳羽簇，白色的颏纹明显；上体棕栗色而具赭色横斑，沿肩部有一道白色线条；下体几乎全为褐色，具赭色横斑；臀白色，两胁栗色。虹膜黄褐色，喙偏绿色且端黄色，脚黄绿色。

**生境类型：**栖息于季风常绿阔叶林、针阔混交林。

**习性：**夜行性，有时白天也活动，多在夜间和清晨鸣叫。主要捕食昆虫、鼠类、蚯蚓及蜥蜴等。

**分布范围：**中国分布于华南、华中、西南及东南等地；国外分布于印度东北部及东南亚各国。鼎湖山见于庆云寺、树木园后山。

（刘莉　摄）

（黎炳雄　摄）

佛法僧目 Coraciiformes　蜂虎科 Meropidae　体长：28 厘米

# 蓝喉蜂虎（lán hóu fēng hǔ）

- 学　　名：*Merops viridis*
- 英 文 名：Blue-throated Bee-eater
- 居 留 型：旅鸟
- 保护级别：无
- 附　　注：2014 年 5 月 11 日，鼎湖山首次被记录。

**识别特征：**蓝喉为主要辨别特征。成鸟头顶及上背栗棕色，过眼纹黑色，翅膀亮蓝色，腰至尾羽浅蓝色，下体浅绿色。亚成鸟尾羽无延长，头及上背绿色。虹膜红色或褐色，喙黑色，脚灰色或褐色。

**生境类型：**栖息于马尾松林、针阔混交林。

**习性：**常停于栖木上等待过往昆虫，主要觅食各种蜂类及其他昆虫。

**分布范围：**中国繁殖于河南、湖北一线以南；国外广泛分布于东南亚。鼎湖山见于树木园、大旗山。

（范宗骥　摄）

（叶小新　摄）

佛法僧目 Coraciiformes　佛法僧科 Coraciidae　体长：30 厘米

# 三宝鸟（sān bǎo niǎo）

（叶小新　摄）

- 学　　名：*Eurystomus orientalis*
- 英 文 名：Dollarbird
- 居 留 型：夏候鸟
- 保护级别：无

**分布范围**：中国广布于东部；国外分布于朝鲜、韩国、日本、菲律宾及澳大利亚等地。鼎湖山见于大旗山、地质疗养院及旱坑。

**识别特征**：成鸟具宽阔的红喙，飞行时两翼亮蓝色圆斑显著，整体色彩为暗蓝黑色。虹膜褐色，喙红色、端黑色，脚橙黄色至红色。

**生境类型**：栖息于针阔混交林、针叶林。

**习性**：常长时间停于开阔地的枯树上，偶尔起飞追捕过往昆虫，或向下俯冲捕捉地面昆虫，有时三两只于黄昏一起翻飞或俯冲。主要觅食甲虫、金龟子、天牛等昆虫。

（刘莉　摄）

佛法僧目 Coraciiformes　翠鸟科 Alcedinidae　**体长：15 厘米**

# 普通翠鸟（pǔ tōng cuì niǎo）

- 学　　名：*Alcedo atthis*
- 英 文 名：Common Kingfisher
- 居 留 型：留鸟
- 保护级别：无

（叶小新　摄）

**识别特征：**成鸟上体浅蓝绿色，颈侧具白斑；下体橙棕色，颏白色，背部中央具一条蓝色带；喙基和耳羽橙黄色。虹膜褐色，雄鸟喙全黑，雌鸟上喙黑色而下喙橙黄色，脚红色。

**生境类型：**栖息于池塘、水库等水域。

**习性：**常栖息于岩石或探出的枝头上，突然俯冲入水捉鱼。主要觅食小型鱼类、虾及昆虫等。

**分布范围：**中国分布广泛；国外广布于欧亚大陆、东南亚及新几内亚。鼎湖山见于树木园池塘及外围农耕区。

（叶小新　摄）

啄木鸟目 Piciformes　拟啄木鸟科 Capitonidae　　体长：30 厘米

# 大拟啄木鸟（dà nǐ zhuó mù niǎo）

（叶小新　摄）

**识别特征**：喙大而粗厚，头部墨蓝色，上背、前胸橄榄褐色，上体其余部分及尾羽绿色，腹部黄色，尾下覆羽亮红色。虹膜褐色，喙象牙色而端黑色，脚灰色。

**生境类型**：栖息于季风常绿阔叶林、针阔混交林及山地常绿阔叶林。

**习性**：栖息于树顶鸣叫，飞行如啄木鸟。主要觅食植物果实、种子、花，也吃昆虫，尤其繁殖期。

**分布范围**：中国分布于南部；国外分布于东南亚北部。鼎湖山见于庆云寺、白云寺、望鹤亭、迪坑、旱坑、飞天燕、天湖、莲花坳、三宝峰、半边山、五棵松及石仔岭等地。

- 学　　名：*Psilopogon virens*
- 英 文 名：Great Barbet
- 居 留 型：留鸟
- 保护级别：无

啄木鸟目 Piciformes　拟啄木鸟科 Capitonidae　体长：20 厘米

# 黑眉拟啄木鸟（hēi méi nǐ zhuó mù niǎo）

哺育后代（叶小新　摄）

（张建　摄）

◆ 学　　名：*Psilopogon faber*
◆ 英 文 名：Chinese Barbet
◆ 居 留 型：留鸟
◆ 保护级别：无

**识别特征**：头部色彩艳丽，具蓝、红、黄、黑四色，周身绿色；与其他拟啄木鸟区别在于体型略小，眉黑色，颊蓝色，喉黄色，颈侧具红点。虹膜褐色，喙黑色，脚灰绿色。

**生境类型**：栖息于季风常绿阔叶林、针阔混交林、马尾松林及山地常绿阔叶林。

**习性**：为典型的冠栖拟啄木鸟，常单独或成小群活动，栖息于树冠鸣叫，叫声单调且声大。主要觅食植物果实和种子，也吃少量昆虫。

**分布范围**：中国分布于广西、广东和海南岛；国外分布于东南亚各国。鼎湖山见于除鸡笼山顶外的其他区域。

啄木鸟目 Piciformes　啄木鸟科 Picidae

体长：17 厘米

# 蚁䴕（yǐ liè）

**识别特征**：体羽灰褐色，斑驳杂乱，下体具横斑，喙短呈圆锥形，尾长，具不明显的横斑。虹膜淡褐色，喙角质色，脚褐色。

**生境类型**：栖息于季风常绿阔叶林、针阔混交林及农耕区。

**习性**：喜活动于灌丛和林缘，常单独活动；不善攀树，亦不会啄树干；当有大型动物或人靠近时，头部往两侧扭动。主要觅食蚂蚁、白蚁、蚁卵和蛹。

**分布范围**：中国繁殖于华中、华北及东北地区，越冬于华南及台湾；国外分布于非洲、欧亚大陆、印度及东南亚。鼎湖山见于庆云寺、旱坑、迪坑、院士基地及保护区周边区域。

- 学　　名：*Jynx torquilla*
- 英 文 名：Eurasian Wryneck
- 居 留 型：冬候鸟
- 保护级别：无

（黎炳雄　摄）

（黎炳雄　摄）

啄木鸟目 Piciformes 啄木鸟科 Picidae 体长：10厘米

# 斑姬啄木鸟（bān jī zhuó mù niǎo）

◆ 学 名：*Picumnus innominatus*
◆ 英 文 名：Speckled Piculet
◆ 居 留 型：留鸟
◆ 保护级别：无

**识别特征**：下体多具黑点，脸及尾部具黑白色纹，雄鸟前额橘黄色为主要辨别特征；头顶橄榄褐色，渐变至上体的橄榄绿色。虹膜红色，喙近黑色，脚灰色。

**生境类型**：栖息于竹林、季风常绿阔叶林、针阔混交林及马尾松林。

**习性**：喜竹林，常与其他鸟类混群，觅食时持续发出轻微的叩击声。主要觅食蚂蚁、甲虫及其他昆虫。

**分布范围**：中国分布广泛；国外分布于东南亚各国。鼎湖山见于除鸡笼山顶的其他大部分区域。

（叶小新 摄）

啄木鸟目 Piciformes　啄木鸟科 Picidae

体长：9 厘米

# 白眉棕啄木鸟（bái méi zōng zhuó mù niǎo）

**识别特征**：身材纤小，眉白色，上体橄榄绿色，下体棕色并延伸至脸颊，仅三趾；雄鸟前额黄色，雌鸟前额棕色。虹膜红色，喙近黑色，脚灰色。

**生境类型**：栖息于竹林、季风常绿阔叶林及针阔混交林。

**习性**：常单独活动，喜竹林，觅食时常发出轻微的叩击声。主要觅食蚂蚁等昆虫。

**分布范围**：中国分布于西藏东南部、云南、贵州、广东、广西；国外分布于印度、尼泊尔、不丹等国。鼎湖山见于迪坑、望鹤亭、五棵松及草塘。

- 学　　名：*Sasia ochracea*
- 英 文 名：White-browed Piculet
- 居 留 型：留鸟
- 保护级别：无
- 附　　注：2017 年 7 月 26 日，鼎湖山首次被记录。

（叶小新　摄）

啄木鸟目 Piciformes　啄木鸟科 Picidae　　体长：15 厘米

# 星头啄木鸟（xīng tóu zhuó mù niǎo）

◆ 学　　名：*Dendrocopos canicapillus*
◆ 英 文 名：Grey-capped Woodpecker
◆ 居 留 型：留鸟
◆ 保护级别：无

**识别特征**：为黑白色相间的啄木鸟。头顶灰色，具明显的白色肩斑，背白色且具黑斑，腹部棕黄色而密布近黑色条纹；雄鸟眼后上方具红色条纹。虹膜淡褐色，喙灰色，脚绿灰色。

**生境类型**：栖息于季风常绿阔叶林、针阔混交林。

**习性**：常单独或成对活动，喜有大树的林地，飞行迅速，呈波浪状前进。主要觅食天牛、蚂蚁、小蠹及甲虫等昆虫，偶尔也吃植物果实和种子。

**分布范围**：中国分布于东北、华北、华东、华南、西南及西藏东南部；国外分布于巴基斯坦及东南亚各国。鼎湖山见于庆云寺、五棵松。

（张建　摄）

（黎炳雄　摄）

啄木鸟目 Piciformes　啄木鸟科 Picidae

体长：30 厘米

# 黄嘴栗啄木鸟（huáng zuǐ lì zhuó mù niǎo）

- 学　　名：*Blythipicus pyrrhotis*
- 英 文 名：Bay Woodpecker
- 居 留 型：留鸟
- 保护级别：无

**识别特征：**周身赤褐色且具黑色横斑，喙长而多黄色为主要辨别特征。雄鸟侧颈及枕部具绯红色块斑。虹膜红褐色，喙淡绿黄色，脚褐黑色。

**生境类型：**栖息于季风常绿阔叶林、针阔混交林及马尾松林。

**习性：**常单独或成对活动，不鋻击树木。主要觅食蚂蚁等昆虫。

**分布范围：**中国分布于华南、云南等地；国外分布于尼泊尔、东南亚等地区。鼎湖山见于庆云寺、五棵松、三宝峰、白云寺、望鹤亭、草塘、大旗山及迪坑。

雌鸟（红外相机拍摄）

雄鸟哺育后代（叶小新　摄）

雀形目 Passeriformes　莺雀科 Vireonidae　体长：12 厘米

# 白腹凤鹛（bái fù fèng méi）

◆ 学　　名：*Erpornis zantholeuca*
◆ 英 文 名：White-bellied Erpornis
◆ 居 留 型：留鸟
◆ 保护级别：无

**识别特征：**以绿色为主，头部脸颊以上、上背、尾上覆羽橄榄绿色，头顶具羽冠，眼圈白色，耳羽灰白色，尾下覆羽黄色。虹膜褐色，喙肉褐色，脚粉褐色。

**生境类型：**栖息于针阔混交林、季风常绿阔叶林、溪边林及马尾松林。

**习性：**常单独或成对活动，取食于中上层，有时与其他鸟类混群。主要觅食昆虫等。

**分布范围：**中国分布于华南、西南各省区；国外分布于东南亚各国。鼎湖山见于旱坑、大科田、五棵松、庆云寺、院士基地、迪坑及大旗山等地。

（赵穗成　摄）

雀形目 Passeriformes　山椒鸟科 Campephagidae　　体长：18 厘米

# 灰喉山椒鸟（huī hóu shān jiāo niǎo）

- 学　　名：*Pericrocotus solaris*
- 英 文 名：Grey-chinned Minivet
- 居 留 型：留鸟
- 保护级别：无

**识别特征**：雄鸟上喉部、耳羽深灰色和具“›”形翼斑为本种主要辨别特征。雄鸟背部灰褐色，下喉、腹及腰红色，中央尾羽黑色，其余红色；雌鸟似雄鸟，红色部位为黄色，眼先、耳羽和额不染黄色。虹膜深褐色，喙、脚黑色。

**生境类型**：栖息于季风常绿阔叶林、针阔混交林及马尾松林。

**习性**：性活泼，多集小群活动于树冠层，有时亦与赤红山椒鸟混群。主要觅食昆虫。

**分布范围**：中国分布于长江以南；国外分布于东南亚各国。鼎湖山见于庆云寺、五棵松、三宝峰、旱坑、飞水潭、树木园、大旗山、望鹤亭及迪坑等地。

雌鸟（黎炳雄　摄）

雄鸟（黎炳雄　摄）

雀形目 Passeriformes　山椒鸟科 Campephagidae　体长：20 厘米

# 赤红山椒鸟（chì hóng shān jiāo niǎo）

◆ 学　　名：*Pericrocotus flammeus*
◆ 英 文 名：Scarlet Minivet
◆ 居 留 型：留鸟
◆ 保护级别：无

**识别特征**：雄鸟喉部、头部蓝黑色；雌鸟喉黄色，额、脸颊橙黄色和具"ㄇ"形翼斑为本种主要辨别特征。雄鸟胸、腹部、腰、尾羽羽缘及翼上的两道斑纹红色，其余蓝黑色；雄鸟的红色部分在雌鸟身上为黄色，头顶至上背灰色。虹膜黑褐色，喙、脚黑色。

**生境类型**：栖息于季风常绿阔叶林、针阔混交林及马尾松林。

**习性**：性活泼，多成对或成小群活动，非繁殖季常集大群活动于树冠层，有时与灰喉山椒鸟混群。主要觅食昆虫。

**分布范围**：中国分布于南方；国外分布于印度、斯里兰卡及东南亚等地。鼎湖山见于庆云寺、五棵松、三宝峰、旱坑、飞水潭、树木园、大旗山、望鹤亭及迪坑等地。

雄鸟（叶小新　摄）

雌鸟（范宗骥　摄）

雀形目 Passeriformes 卷尾科 Dicruridae

体长：28 厘米

# 黑卷尾（hēi juǎn wěi）

**识别特征：** 通体黑色并具辉光，尾长且分叉深。虹膜红色，喙、脚黑色。

**生境类型：** 栖息于针阔混交林、农耕区。

**习性：** 常立于突出的树枝或电线上，在空中捕食昆虫。主要觅食鳞翅目、鞘翅目、直翅目等大型昆虫。

**分布范围：** 中国分布于黄河流域以南；国外分布于西亚至印度及东南亚。鼎湖山见于地质疗养院、树木园、大旗山及外围农耕区。

- 学　　名：*Dicrurus macrocercus*
- 英 文 名：Black Drongo
- 居 留 型：夏候鸟
- 保护级别：无

（赵穗成　摄）

（赵穗成　摄）

雀形目 Passeriformes　王鹟科 Monarchinae　体长：18 厘米（不计尾部延长）

# 紫寿带（zǐ shòu dài）

- 学　　名：*Terpsiphone atrocaudata*
- 英 文 名：Japanese Paradise-Flycatcher
- 居 留 型：旅鸟
- 保护级别：广东省重点保护野生动物

**识别特征：** 雄鸟具羽冠，头至上胸黑色并具辉蓝色光泽，上体紫褐色，下体白色，尾及两翼黑紫色，中央尾羽极度延长20~35 厘米；雌鸟似雄鸟，单体色较暗淡，中央尾羽不延长。虹膜褐色，喙蓝色，脚蓝黑色。

**生境类型：** 栖息于针阔混交林、季风常绿阔叶林。

**习性：** 雄鸟形态优美，常觅食于树林的中下层。主要觅食昆虫。

**分布范围：** 中国分布于华北、华东和华南各省区；国外分布于日本、朝鲜半岛，越冬于菲律宾。鼎湖山见于五棵松、树木园及旱坑。

（赵穗成　摄）

雀形目 Passeriformes　伯劳科 Laniidae　体长：25 厘米

# 棕背伯劳（zōng bèi bó láo）

- 学　　名：*Lanius schach*
- 英 文 名：Long-tailed Shrike
- 居 留 型：留鸟
- 保护级别：无

**识别特征：**成鸟额、眼罩、两翼及尾黑色，尾外缘棕色，初级飞羽基部具白斑；头顶及后颈灰色或黑色；背、腰及体侧红褐色；颏、喉、胸及腹中心部位白色。头及背部黑色的扩展随亚种而有不同。虹膜褐色，喙、脚黑色。

**生境类型：**栖息于针阔混交林、林缘及开阔田野。

**习性：**除繁殖期成对活动外，多单独活动；性凶猛，常飞出捕食飞行中的昆虫。主要觅食昆虫、蜥蜴等动物性食物。

**分布范围：**中国分布于黄河流域以南各省；国外分布于西亚、中亚、南亚、菲律宾及新几内亚等地。鼎湖山见于树木园、迪坑及外围农耕区。

（张建　摄）

（刘莉　摄）

雀形目 Passeriformes 鸦科 Corvidae

体长：33 厘米

# 松鸦（sōng yā）

**识别特征**：黑色的两翼上具蓝色横纹和白色斑块为主要识别特征。通体粉褐色，髭纹黑色，腰及尾下覆羽白色，尾羽黑色。虹膜褐色，喙灰黑色，脚肉棕色。

**生境类型**：栖息于季风常绿阔叶林、针阔混交林、针叶林。

**习性**：常单独或结小群活动，性喧闹，活动于树冠层，叫声沙哑。杂食性，食物组成随季节和环境而变化，繁殖期主要以金龟子、天牛、尺蠖及松毛虫等昆虫为食，秋冬季和早春主要以植物果实和种子为食。

**分布范围**：中国广泛分布并常见于除青藏高原、新疆盆地、内蒙古草原及海南岛的大部分地区；国外分布于欧洲、北非、南亚及东南亚。鼎湖山见于五棵松、庆云寺、白云寺及莲花坳。

- 学　　名：*Garrulus glandarius*
- 英 文 名：Eurasian Jay
- 居 留 型：留鸟
- 保护级别：无

（刘莉　摄）

（刘莉　摄）

雀形目 Passeriformes 鸦科 Corvidae

体长：66 厘米

# 红嘴蓝鹊（hóng zuǐ lán què）

- 学 名：*Urocissa erythroryncha*
- 英 文 名：Red-billed Blue Magpie
- 居 留 型：留鸟
- 保护级别：广东省重点保护野生动物

**识别特征：** 喙鲜红色，上背蓝灰色，两翼、尾上覆羽天蓝色为本种主要辨别特征。中央尾羽延长且具白色端斑，两侧尾羽具白色端斑和黑色次端斑，头及上胸黑色，顶冠至枕后白色且具黑色细纹，下胸、腹及尾下覆羽白色。虹膜红色，脚鲜红色。

**生境类型：** 栖息于针阔混交林、季风常绿阔叶林。

**习性：** 性嘈杂，喜群栖，常 3~5 只或 10 余只的小群活动。杂食性，主要觅食昆虫等动物性食物，也吃植物果实和种子。

**分布范围：** 中国分布于华北以南、云南以东各省区；国外分布于印度东北部及中南半岛。鼎湖山见于天湖、草塘、五棵松、三宝峰、白云寺、树木园、地质疗养院、大旗山、迪坑及外围农耕区。

（叶小新 摄）

（刘莉 摄）

雀形目 Passeriformes　鸦科 Corvidae　　体长：36 厘米

# 灰树鹊（huī shù què）

（黎炳雄　摄）

◆ 学　　名：*Dendrocitta formosae*
◆ 英 文 名：Grey Treepie
◆ 居 留 型：留鸟
◆ 保护级别：无

**识别特征**：为褐灰色树鹊，额、耳后黑色，枕后、颈、上胸灰色，腹白色，臀棕色，上背棕褐色，腰白色，两翼、尾上覆羽黑色，初级飞羽基部具白斑，飞行时白色翼斑和白色的腰部易识别。虹膜红褐色，喙灰黑色，脚黑色。

**生境类型**：栖息于季风常绿阔叶林、针阔混交林、马尾松林及山地常绿阔叶林。

**习性**：性怯懦而嘈杂，穿行于树冠的中上层，冬季结 50~60 只的大群在林下觅食，常见与其他鸟类混群。主要觅食植物果实和种子。

**分布范围**：中国分布于长江流域及以南地区；国外分布于印度东北部及中南半岛中北部。鼎湖山见于除山顶区的其他区域。

（张建　摄）

雀形目 Passeriformes 鸦科 Corvidae

体长：50 厘米

## 大嘴乌鸦（dà zuǐ wū yā）

◆ 学　　名：*Corvus macrorhynchos*
◆ 英 文 名：Large-billed Crow
◆ 居 留 型：留鸟
◆ 保护级别：无

**识别特征**：全身黑色，喙甚粗厚，前额拱起，尾呈圆凸形。虹膜褐色，喙、脚黑色。

**生境类型**：栖息于季风常绿阔叶林、针阔混交林、马尾松林及山地常绿阔叶林。

**习性**：成对或结小群活动，性机警而胆大，常呱呱地大声鸣叫。杂食性，主要觅食昆虫、小型鸟类、鼠类、腐肉及植物果实、种子等。

**分布范围**：中国分布于除西北部外的大部分地区；国外分布于西亚、东南亚及朝鲜、日本、韩国。鼎湖山见于整个保护区及外围农耕区。

（张建　摄）

雀形目 Passeriformes　山雀科 Paridae　　体长：13~14 厘米

# 大山雀（dà shān què）

◆ 学　　名：*Parus cinereus*
◆ 英 文 名：Cinereous Tit
◆ 居 留 型：留鸟
◆ 保护级别：无

**识别特征：**头顶及喉黑色，与脸颊及颈部白色形成鲜明对比，上背灰色或黄绿色，下体白色，自喉部至下腹部有一道黑色带，翅膀具一道白色翼斑。虹膜暗棕色，喙黑色，脚深灰色。

**生境类型：**栖息于季风常绿阔叶林、针阔混交林、马尾松林、山地常绿阔叶林及农耕区。

**习性：**性活跃，成对或结小群活动，常见与其他鸟类混群。为典型的食虫鸟，主要觅食昆虫的卵、幼虫及成虫。

**分布范围：**中国分布于华南、华东、华中、华北、东北及西南等地；国外分布于朝鲜、日本、韩国及东南亚各国。鼎湖山见于整个保护区。

（范宗骥　摄）

（范宗骥　摄）

雀形目 Passeriformes　山雀科 Paridae　　体长：14 厘米

# 黄颊山雀（huáng jiá shān què）

**识别特征：** 脸颊鲜黄色和高耸的黑色羽冠为本种主要辨别特征。眼后有一条黑色眼纹，喉黑并与胸、腹的黑色带相连，尾灰黑色，外侧尾羽白色。虹膜褐色，喙黑色，脚铅黑色。

**生境类型：** 栖息于季风常绿阔叶林、针阔混交林、马尾松林及山地常绿阔叶林。

**习性：** 性活跃，成对或结小群活动，常见与其他鸟类混群。主要觅食昆虫，也吃植物果实和种子。

**分布范围：** 中国分布于华南、西南地区及湖南；国外分布于尼泊尔、锡金、不丹、孟加拉国、缅甸、泰国、越南和中南半岛。鼎湖山见于整个保护区。

- 学　　名：*Machlolophus spilonotus*
- 英 文 名：Yellow-cheeked Tit
- 居 留 型：留鸟
- 保护级别：无

（黎炳雄　摄）

（叶小新　摄）

（黎炳雄　摄）

雀形目 Passeriformes　扇尾莺科 Cisticolidae　体长：16 厘米

# 黑喉山鹪莺（hēi hóu shān jiāo yīng）

- 学　　名：*Prinia atrogularis*
- 英 文 名：Black-throated Prinia
- 居 留 型：留鸟
- 保护级别：无

**识别特征**：胸具黑色纵纹，白色眉纹明显为本种的主要辨别特征。上体橄榄褐色，两胁皮黄色，尾长。虹膜浅褐色，上喙黑色、下喙浅色，脚粉色。

**生境类型**：栖息于针阔混交林、马尾松林、农耕区的林下灌丛或草丛。

**习性**：性喧闹，常在山地灌丛、草丛中活动。主要觅食昆虫及其幼虫，也吃少量植物果实和种子。

**分布范围**：中国分布于华南、西南地区；国外分布于东南亚、中南半岛。鼎湖山见于树木园、迪坑、望鹤亭及大旗山林缘一带。

（范宗骥　摄）

雀形目 Passeriformes　扇尾莺科 Cisticolidae

体长：12 厘米

# 暗冕山鹪莺（àn miǎn shān jiāo yīng）

◆ 学　　名：*Prinia rufescens*
◆ 英 文 名：Rufescent Prinia
◆ 居 留 型：留鸟
◆ 保护级别：无

**识别特征：** 眼先及眉纹白色，下体白色，繁殖羽头灰色为本种的主要辨别特征。上体棕褐色，腹部、两胁、尾下覆羽皮黄色。虹膜褐色，喙黑色，脚偏粉红色。

**生境类型：** 栖息于针阔混交林、马尾松林及农耕区的林下灌丛或草丛。

**习性：** 性喧闹，秋冬季结成小群，对"呸"声有反应。主要觅食昆虫及其幼虫。

**分布范围：** 中国分布于广东、西藏及西南地区；国外分布于印度、缅甸及东南亚各国。鼎湖山见于树木园、米塔岭、迪坑、望鹤亭及外围农耕区。

（范宗骥　摄）

雀形目 Passeriformes　扇尾莺科 Cisticolidae　体长：13 厘米

# 黄腹山鹪莺（huáng fù shān jiāo yīng）

◆ 学　　名：*Prinia flaviventris*
◆ 英 文 名：Yellow-bellied Prinia
◆ 居 留 型：留鸟
◆ 保护级别：无

**识别特征**：喉、胸白色，下胸及腹部黄色为本种的主要辨别特征。头顶深灰色，背部橄榄褐色，具白色短眉纹。虹膜浅褐色，上喙黑色、下喙浅色，脚橘黄色。

**生境类型**：栖息于农耕区、山脚平地及平原地带河流、湖泊、水渠的灌丛或草丛。

**习性**：甚惧生，多藏匿于高草或芦苇中，仅在鸣叫时栖于高杆。主要觅食昆虫及其幼虫，也吃少量植物果实和种子。

**分布范围**：中国分布于华南、东南地区，以及云南、台湾；国外分布于缅甸、泰国、马来西亚及印度尼西亚。鼎湖山见于树木园、迪坑、鸡笼顶及外围农耕区。

（范宗骥　摄）

（黎炳雄　摄）

雀形目 Passeriformes　扇尾莺科 Cisticolidae

体长：14 厘米

# 纯色山鹪莺（chún sè shān jiāo yīng）

**识别特征**：全身褐色，尾长占身长一半以上，具黄白色眉纹为本种的主要辨别特征。下体较淡，飞羽羽缘红棕色。虹膜浅褐色，喙黑色，脚粉红色。

**生境类型**：栖息于农耕区、山脚平地的灌丛和草丛。

**习性**：性活跃，结小群活动，常于树上、草茎间或飞行时鸣叫。主要觅食昆虫。

**分布范围**：中国分布于华南、西南、华中、华东、东南地区；国外分布于缅甸、泰国及中南半岛。鼎湖山见于树木园、迪坑及外围农耕区。

- 学　　名：*Prinia inornata*
- 英 文 名：Plain Prinia
- 居 留 型：留鸟
- 保护级别：无

（叶小新　摄）

（叶小新　摄）

雀形目 Passeriformes　扇尾莺科 Cisticolidae　　体长：12 厘米

# 长尾缝叶莺（cháng wěi féng yè yīng）

- 学　　名：*Orthotomus sutorius*
- 英 文 名：Common Tailorbird
- 居 留 型：留鸟
- 保护级别：无

**识别特征**：尾长而常上扬，额、头顶棕色为本种的主要辨别特征。上体橄榄绿色，下体白色。繁殖期雄鸟的中央尾羽狭长。虹膜浅皮黄色，上喙黑色、下喙粉红色，脚粉红色。

**生境类型**：栖息于针阔混交林、马尾松林、农耕区、河流、湖泊的低矮植被或草丛。

**习性**：性活泼，不停地运动或发出刺耳尖叫声，具有将一或两块树叶缝在一起筑巢的独特习性。主要觅食昆虫及其幼虫，也吃少量植物果实和种子。

**分布范围**：中国分布于华南、东南及湖南、云南；国外广布于东南亚至南亚。鼎湖山见于庆云寺、五棵松、树木园、迪坑、草塘、旱坑、米塔岭、大旗山及外围农耕区。

（赵穗成　摄）

（叶小新　摄）

雀形目 Passeriformes　鳞胸鹪鹛科 Pnoepygidae

体长：8~9 厘米

# 小鳞胸鹪鹛（xiǎo lín xiōng jiāo méi）

**识别特征**：尾极短，具醒目的扇贝形斑纹；上体暗褐色，翼上具两列棕色点斑。虹膜浅褐色，喙黑色，脚粉红色。

**生境类型**：栖息于阴暗潮湿的常绿阔叶林下。

**习性**：常单独或成对活动，性隐蔽惧生（除鸣叫时），常在灌木及竹林间地面上跳来跳去。主要觅食昆虫及植物的叶、芽。

**分布范围**：中国分布于西藏及西南、华中、华东、华南地区；国外分布于尼泊尔及东南亚。鼎湖山见于五棵松、莲花坳、旱坑、迪坑、天湖、望鹤亭、老鼎及草塘。

- 学　　名：*Pnoepyga pusilla*
- 英 文 名：Pygmy Wren Babbler
- 居 留 型：留鸟
- 保护级别：无

（范宗骥　摄）

（黎炳雄　摄）

雀形目 Passeriformes　燕科 Hirundinidae　　体长：20 厘米（包括尾羽延长部分）

# 家燕（jiā yàn）

- 学　　名：*Hirundo rustica*
- 英 文 名：Barn Swallow
- 居 留 型：留鸟 / 夏候鸟 / 旅鸟
- 保护级别：无
- 附　　注：奥地利、爱沙尼亚国鸟

**识别特征**：头及上体蓝黑色，额、喉部红色，下体白色，具长而分叉的尾为本种主要辨别特征。近尾端具白斑。虹膜褐色，喙、脚黑色。

**生境类型**：栖息于季风常绿阔叶林、针阔混交林、马尾松林及农耕区。

**习性**：筑巢于屋檐下。主要觅食昆虫，常低飞捕食小昆虫。

**分布范围**：中国分布广泛；国外遍及全球其他国家或地区。鼎湖山见于除鸡笼山顶外的其他区域及外围农田区。

育雏（范宗骥　摄）

（范宗骥　摄）

雀形目 Passeriformes　燕科 Hirundinidae　体长：18 厘米（包括尾羽延长部分）

# 金腰燕（jīn yāo yàn）

◆ 学　　名：*Cecropis daurica*
◆ 英 文 名：Red-rumped Swallow
◆ 居 留 型：留鸟 / 夏候鸟 / 旅鸟
◆ 保护级别：无

**识别特征：** 腰部明显的栗黄色与蓝黑色金属光泽的上体形成鲜明对比为本种主要辨别特征。脸颊至枕后红褐色，下体白色且具黑色条纹，尾长而叉深。虹膜褐色，喙、脚黑色。

**生境类型：** 栖息于针阔混交林、马尾松林、林缘及农耕区。

**习性：** 筑巢于屋檐下，常在居民点附近的水域上空来回飞行并发出尖叫。主要觅食昆虫。

**分布范围：** 中国分布于除台湾和西北部外的其他区域；国外分布于欧亚大陆、非洲。鼎湖山见于大旗山、迪坑、树木园、庆云寺及外围农田区。

（张建　摄）

雀形目 Passeriformes　鹎科 Pycnonotidae　体长：20 厘米

# 红耳鹎（hóng ěr bēi）

- 学　　名：*Pycnonotus jocosus*
- 英 文 名：Red-whiskered Bulbul
- 居 留 型：留鸟
- 保护级别：无

**识别特征：**高耸的黑色羽冠和红色耳斑为本种主要辨别特征。额、头顶黑色，上体褐色，下体污白色，喉白色，臀红色，胸侧具黑褐色横带。虹膜褐色，喙、脚黑色。

**生境类型：**栖息于季风常绿阔叶林、针阔混交林、马尾松林、农耕区及城市公园。

**习性：**喜群居，性吵闹。杂食性，主要觅食植物性食物，也吃昆虫等动物性食物。

**分布范围：**中国分布于广东、广西、云南、贵州及西藏；国外分布于中南半岛及马来半岛。鼎湖山见于除鸡笼山顶外的其他区域。

（范宗骥　摄）

哺育（黎炳雄　摄）

雀形目 Passeriformes　鹎科 Pycnonotidae　　体长：19 厘米

# 白头鹎（bái tóu bēi）

**识别特征**：自眼后延至颈背的白色枕环为本种主要辨别特征。耳羽后有白斑，头顶黑色，颏、喉白色，上体灰褐色，具黄绿色羽缘，下体灰白色。虹膜褐色，喙、脚黑色。

**生境类型**：栖息于季风常绿阔叶林、针阔混交林、马尾松林、农耕区及城市公园。

**习性**：性活泼，结群活动，秋冬季可结成 30~40 只的大群，有时从栖息处飞出捕食，常与其他鹎类混群。杂食性，主要觅食昆虫、蜘蛛及植物果实、种子等。

**分布范围**：中国分布于中东部及南方各省区，近年来已向北扩展到辽宁，并形成稳定种群；国外分布于越南北部及琉球群岛。鼎湖山见于除鸡笼山顶外的其他区域。

- 学　　名：*Pycnonotus sinensis*
- 英 文 名：Light-vented Bulbul
- 居 留 型：留鸟
- 保护级别：无

（叶小新　摄）

（范宗骥　摄）

雀形目 Passeriformes　鹎科 Pycnonotidae　体长：20 厘米

# 白喉红臀鹎（bái hóu hóng tún bēi）

**识别特征：**头顶黑色，下喉白色，臀红色为本种主要辨别特征。上体灰褐色，下体灰白色。虹膜红色，喙、脚黑色。

**生境类型：**栖息于林缘、农耕区及城市公园。

**习性：**性活泼，结群活动，常与其他鹎类混群。杂食性，主要觅食植物性食物，也吃昆虫等动物性食物。

**分布范围：**中国分布于华南、西南各省区；国外分布于印度、斯里兰卡及东南亚各国。鼎湖山见于树木园及外围农耕区。

- 学　　名：*Pycnonotus aurigaster*
- 英 文 名：Sooty-headed Bulbul
- 居 留 型：留鸟
- 保护级别：无

（叶小新　摄）

（赵穗成　摄）

雀形目 Passeriformes 鹎科 Pycnonotidae

体长：24 厘米

# 绿翅短脚鹎（lǜ chì duǎn jiǎo bēi）

**识别特征**：上体及尾绿色，喉白色且具褐色纵纹为本种主要辨别特征。头顶栗褐色且具白色细纹，上胸棕色，腹白色，臀浅黄色。虹膜褐色，喙黑色，脚粉红色。

**生境类型**：栖息于季风常绿阔叶林、针阔混交林及马尾松林。

**习性**：喜喧闹，结群活动，常与其他鹎类混群。主要觅食植物果实和种子，也吃部分昆虫。

**分布范围**：中国分布于南方各省区；国外分布于缅甸及中南半岛。鼎湖山见于除鸡笼山顶外的其他区域。

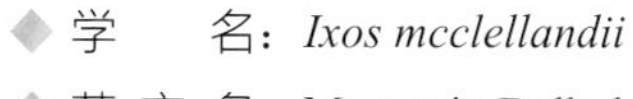

- 学　　名：*Ixos mcclellandii*
- 英 文 名：Mountain Bulbul
- 居 留 型：留鸟
- 保护级别：无

（黎炳雄　摄）

（范宗骥　摄）

雀形目 Passeriformes　鹎科 Pycnonotidae　　体长：21 厘米

# 栗背短脚鹎（lì bèi duǎn jiǎo bēi）

（刘莉　摄）

- 学　　名：*Hemixos castanonotus*
- 英 文 名：Chestnut Bulbul
- 居 留 型：留鸟
- 保护级别：无

**识别特征：**上体栗色，头顶和羽冠黑色，喉、腹白色为本种主要辨别特征。胸和两胁灰白色，两翼及尾灰褐色。虹膜褐色，喙深褐色，脚深褐色。

**生境类型：**栖息于季风常绿阔叶林、针阔混交林、马尾松林及山地常绿阔叶林。

**习性：**常成对或成小群活动在林冠中上层，常与其他鸟类混群。杂食性，主要觅食植物性食物，也吃昆虫等动物性食物。

**分布范围：**中国分布于华南、东南地区；国外分布于越南东北部。鼎湖山见于整个保护区。

（叶小新　摄）

雀形目 Passeriformes　鹎科 Pycnonotidae

体长：22 厘米

# 黑短脚鹎（hēi duǎn jiǎo bēi）

黑头型（赵穗成　摄）

- 学　　名：*Hypsipetes leucocephalus*
- 英 文 名：Black Bulbul
- 居 留 型：留鸟
- 保护级别：无

**识别特征**：全身黑色，喙、脚鲜红色为本种主要辨别特征，部分亚种头、颈白色。虹膜褐色，喙、脚红色。

**生境类型**：栖息于季风常绿阔叶林、针阔混交林、马尾松林。

**习性**：结群活动，冬季有几十上百只的大群，常栖息于高处鸣唱。杂食性，主要觅食昆虫等动物性食物，也吃植物的果实和种子等。

**分布范围**：中国分布于华南、东南、华中、西南地区及西藏；国外分布于南亚、缅甸、中南半岛。鼎湖山见于除鸡笼山顶外的其他区域。

白头型（叶小新　摄）

雀形目 Passeriformes　柳莺科 Phylloscopidae　　体长：11 厘米

# 褐柳莺（hè liǔ yīng）

- 学　　名：*Phylloscopus fuscatus*
- 英 文 名：Dusky Warbler
- 居 留 型：冬候鸟
- 保护级别：无

**识别特征：**为单一褐色柳莺，眉纹前白色、后皮黄色，下体乳白色，胸及两胁沾黄褐色。虹膜褐色，上喙黑褐色、下喙偏黄色，脚淡褐色。

**生境类型：**栖息于季风常绿阔叶林、针阔混交林及马尾松林。

**习性：**性隐蔽，常在浓密的低矮植被中活动，有翘尾并轻弹尾和两翼的行为。主要觅食昆虫。

**分布范围：**中国繁殖于东北地区，在华南、华中地区越冬；国外分布于俄罗斯东部及蒙古、朝鲜、韩国、日本。鼎湖山见于除鸡笼山顶外的其他区域。

（黎炳雄　摄）

雀形目 Passeriformes　柳莺科 Phylloscopidae　体长：9 厘米

# 黄腰柳莺（huáng yāo liǔ yīng）

**识别特征：**明显的柠檬黄色顶冠纹及腰部，眉纹黄色，具两道翼斑为本种的主要辨别特征。虹膜褐色，喙黑色、基部橙黄色，脚淡褐色。

**生境类型：**栖息于季风常绿阔叶林、针阔混交林及马尾松林。

**习性：**喜林冠层穿梭跳跃，常与其他鸟类混群。主要觅食昆虫。

**分布范围：**中国繁殖于东北地区，在华南、华中及西南地区越冬；国外繁殖于东西伯利亚，在中南半岛北部和印度次大陆越冬。鼎湖山见于整个保护区。

- 学　　名：*Phylloscopus proregulus*
- 英 文 名：Pallas's Leaf Warbler
- 居 留 型：冬候鸟
- 保护级别：无

（叶小新　摄）

（黎炳雄　摄）

雀形目 Passeriformes 柳莺科 Phylloscopidae 体长：11 厘米

# 黄眉柳莺（huáng méi liǔ yīng）

（叶小新 摄）

◆ 学 名：*Phylloscopus inornatus*
◆ 英 文 名：Yellow-browed Warbler
◆ 居 留 型：冬候鸟
◆ 保护级别：无

**识别特征**：具两道明显翼斑，眉纹黄色，无顶冠纹为本种的主要辨别特征。下体从白色变至黄绿色，三级飞羽羽缘浅色，与黑色羽区对比明显。虹膜褐色，喙褐色、下喙基部黄色，脚褐色。

**生境类型**：栖息于季风常绿阔叶林、针阔混交林及马尾松林。

**习性**：性活跃，常与其他鸟类混群。主要觅食昆虫。

**分布范围**：中国繁殖于东北地区，在华南、华东及西南各省区越冬；国外繁殖于俄罗斯乌拉尔山以东、西伯利亚、蒙古北部及朝鲜半岛，越冬于中南半岛。鼎湖山见于整个保护区。

（叶小新 摄）

雀形目 Passeriformes　树莺科 Cettiidae　　体长：10~12 厘米

# 栗头织叶莺（lì tóu zhī yè yīng）　又名：金头缝叶莺

**识别特征：**头顶棕褐色，眉纹、腹部黄色为本种主要辨别特征。头侧、后颈、颈侧暗灰色，上体橄榄绿色，颏、喉及上胸灰白色。虹膜褐色，上喙黑色、下喙黄褐色，脚粉红色。

**生境类型：**栖息于季风常绿阔叶林、针阔混交林、灌丛及竹林。

**习性：**常结小群，鸣声易辨认，能将树叶缝在一起筑成鸟巢。主要觅食昆虫。

**分布范围：**中国分布于西藏、西南、华中、华东、华南；国外分布于尼泊尔及东南亚各国。鼎湖山见于庆云寺、五棵松、三宝峰、莲花坳、白云寺、树木园、迪坑、天湖和草塘。

- 学　　名：*Phyllergates cucullatus*
- 英 文 名：Mountain Tailorbird
- 居 留 型：留鸟
- 保护级别：无

（范宗骥　摄）

（范宗骥　摄）

雀形目 Passeriformes　树莺科 Cettiidae　　体长：10~12 厘米

# 强脚树莺（qiáng jiǎo shù yīng）

**识别特征**：为暗褐色树莺，上体橄榄褐色，具皮黄色长眉纹，下体偏白而染褐黄色，尤其是胸侧、两胁及尾下覆羽。虹膜褐色，上喙深褐色、下喙黄色，脚肉棕色。

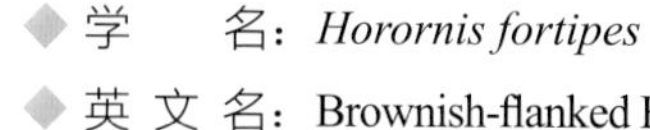

- 学　　名：*Horornis fortipes*
- 英 文 名：Brownish-flanked Bush Warbler
- 居 留 型：留鸟
- 保护级别：无

**生境类型**：栖息于季风常绿阔叶林、针阔混交林、马尾松林、山地常绿阔叶林、山地灌草丛沟谷雨林及竹林等。

**习性**：性隐蔽，善藏于浓密灌丛，常单独或成对活动，鸣声有规律且清脆响亮。主要觅食昆虫，也吃少量植物果实和种子。

**分布范围**：中国分布于西藏、华南、西南、华中、东南及台湾岛；国外见于东南亚各国。鼎湖山遍布整个保护区。

（范宗骥　摄）

鸣唱（范宗骥　摄）

（张建　摄）

雀形目 Passeriformes　长尾山雀科 Aegithalidae

体长：10 厘米

# 红头长尾山雀（hóng tóu cháng wěi shān què）

◆ 学　　名：*Aegithalos concinnus*
◆ 英 文 名：Black-throated Bushtit
◆ 居 留 型：留鸟
◆ 保护级别：无

**识别特征：**头顶栗红色，过眼纹宽而黑，喉白色且中部为黑色，尾长是本种主要辨别特征。背蓝灰色，胸带及两胁栗色。虹膜黄色，喙黑色，脚橙黄色。

**生境类型：**栖息于季风常绿阔叶林、针阔混交林、马尾松林、溪边林及山地常绿阔叶林。

**习性：**性活跃，结群活动，秋冬季可见 30~50 只的大群。主要觅食昆虫，于林冠中上层觅食。

**分布范围：**中国分布于南方各省区；国外分布于缅甸、老挝等国。鼎湖山见于整个保护区。

（范宗骥　摄）

（范宗骥　摄）

雀形目 Passeriformes　绣眼鸟科 Zosteropidae　体长：13 厘米

# 栗耳凤鹛（lì ěr fèng méi）

◆ 学　　名：*Yuhina castaniceps*
◆ 英 文 名：Striated Yuhina
◆ 居 留 型：留鸟
◆ 保护级别：无

**识别特征：**耳羽、脸颊的栗色延至后颈，头具灰色羽冠为本种的主要辨别特征。上体、尾上覆羽深褐色，颏、喉、下体白色。虹膜黑褐色，喙红褐色，脚粉红色。

**生境类型：**栖息于季风常绿阔叶林、针阔混交林、马尾松林、溪边林。

**习性：**性活跃，常结群活动，冬季可达 40~50 只的大群。主要觅食昆虫，也吃植物果实和种子。

**分布范围：**中国分布于长江流域以南各省区；国外分布于越南、泰国及印度。鼎湖山见于除鸡笼山顶外的其他区域。

（刘莉　摄）

（赵穗成　摄）

（叶小新　摄）

雀形目 Passeriformes　绣眼鸟科 Zosteropidae　体长：10 厘米

# 暗绿绣眼鸟（àn lǜ xiù yǎn niǎo）

**识别特征**：明显的白色眼圈，前额、喉、臀黄色，腹部白色为本种的主要辨别特征。头及上体橄榄绿色。虹膜褐色，喙灰色，脚灰黑色。

**生境类型**：栖息于季风常绿阔叶林、针阔混交林、马尾松林、溪边林及农耕区。

**习性**：性活泼喧闹，叫声婉转动听，常结群活动，冬季可达 50~60 只的大群。主要觅食昆虫及植物果实、种子等。

**分布范围**：中国分布于黄河流域以南地区；国外分布于日本、朝鲜半岛、中南半岛北部。鼎湖山见于除鸡笼山顶外的其他区域及外围农耕区。

- 学　　名：*Zosterops japonicus*
- 英 文 名：Japanese White-eye
- 居 留 型：留鸟
- 保护级别：无

（叶小新　摄）

（范宗骥　摄）

（张建　摄）

雀形目 Passeriformes　林鹛科 Timaliidae　　体长：19 厘米

# 棕颈钩嘴鹛（zōng jǐng gōu zuǐ méi）

（赵穗成　摄）

- 学　　名：*Pomatorhinus ruficollis*
- 英 文 名：Streak-breasted Scimitar Babbler
- 居 留 型：留鸟
- 保护级别：无

**识别特征：**栗红色的项圈，细长而下弯的喙为本种的主要辨别特征。白色眉纹和黑色贯眼纹明显，喉白色，胸具纵纹，整体褐色。虹膜褐色，上喙黑色、下喙黄色，脚铅褐色。

**生境类型：**栖息于季风常绿阔叶林、针阔混交林、马尾松林、溪边林及山地常绿阔叶林。

**习性：**喜单独或结小群活动，常与灰眶雀鹛等鸟类混群。主要觅食昆虫，也吃植物果实和种子。

**分布范围：**中国分布于华南、华中、西南、东南地区；国外分布于缅甸、中南半岛北部。鼎湖山见于整个保护区。

（范宗骥　摄）

雀形目 Passeriformes　林鹛科 Timaliidae　体长：11 厘米

# 红头穗鹛（hóng tóu suì méi）

**识别特征：** 整体褐色，前额至头顶橙红色为本种的主要辨别特征。喉、胸及头侧显黄色，具细白色眼圈。虹膜棕红色，喙近黑色，脚棕绿色。

**生境类型：** 栖息于季风常绿阔叶林、针阔混交林、马尾松林、溪边林。

**习性：** 喜单独或成对活动，常与灰眶雀鹛等鸟类混群。主要觅食昆虫，偶尔也吃植物果实和种子。

**分布范围：** 中国分布于长江流域及以南各省区；国外分布于缅甸北部、中南半岛北部。鼎湖山见于除鸡笼山顶外的其他区域。

- 学　　名：*Cyanoderma ruficeps*
- 英 文 名：Rufous-capped Babbler
- 居 留 型：留鸟
- 保护级别：无

（赵穗成　摄）

（范宗骥　摄）

雀形目 Passeriformes　幽鹛科 Pellorneidae　体长：14 厘米

# 褐顶雀鹛（hè dǐng què méi）

◆ 学　　名：*Schoeniparus brunneus*
◆ 英 文 名：Dusky Fulvetta
◆ 居 留 型：留鸟
◆ 保护级别：无

**识别特征**：头顶棕褐色并具黑色侧冠纹为主要辨别特征。脸颊、颏、颈侧、上胸灰色，下体灰白色，上体、两翼、尾上覆羽棕褐色。虹膜浅褐色或黄红色，喙黑色，脚橙黄色。

**生境类型**：栖息于季风常绿阔叶林、针阔混交林。

**习性**：性活泼，不惧人，单独或结小群活动，活动于林下灌丛，常与灰眶雀鹛等鸟类混群。主要觅食昆虫，偶尔也吃植物果实和种子。

**分布范围**：中国鸟类特有种，分布于华南、华中、西南、华东地区及台湾。鼎湖山见于庆云寺、五棵松、莲花坳及旱坑。

（范宗骥　摄）

雀形目 Passeriformes　幽鹛科 Pelloreidae　　体长：14 厘米

# 灰眶雀鹛（huī kuāng què méi）

（范宗骥　摄）

- 学　　名：*Alcippe morrisonia*
- 英 文 名：Grey-cheeked Fulvetta
- 居 留 型：留鸟
- 保护级别：无

**识别特征：**头深灰色，具醒目的白色眼眶，黑色侧冠纹由前至后逐渐明显，上体、翼、尾羽棕褐色，颏、喉灰白色，下体浅皮黄色。虹膜深褐色，喙角质褐色，脚粉色。

**生境类型：**栖息于季风常绿阔叶林、针阔混交林、马尾松林、溪边林、山地常绿阔叶林及山顶灌草丛。

**习性：**性活泼而胆大，单独或结群活动，常与其他等鸟类混群。主要觅食昆虫，也吃植物果实、种子、芽、嫩叶及苔藓等。

**分布范围：**中国分布于华南、华中、华东及西南等地区；国外分布于缅甸、印度。鼎湖山遍布整个保护区。

（黎炳雄　摄）

雀形目 Passeriformes　噪鹛科 Leiothrichidae　体长：22 厘米

# 画眉（huà méi）

◆ 学　　名：*Garrulax canorus*
◆ 英 文 名：Hwamei
◆ 居 留 型：留鸟
◆ 保护级别：无
◆ 附　　注：广州市、南京市、惠州市、铜川市市鸟

**识别特征：** 全身棕褐色并具西黑色纵纹，白色眼圈在眼后形成眼纹并延伸至耳部为本种的主要辨别特征。头顶纵纹明显，下腹部灰白色。虹膜黄色，上喙角质灰色、下喙黄色，脚黄色。

**生境类型：** 栖息于季风常绿阔叶林、针阔混交林、马尾松林、溪边林及山地常绿阔叶林。

**习性：** 性隐蔽而擅于鸣唱，叫声悦耳动听，喜单独或结小群活动。主要觅食昆虫，也吃植物果实和种子及蚯蚓等无脊椎动物，偶尔啄食玉米、谷粒等农作物。

**分布范围：** 中国广布于长江流域及以南的华中、华南、西南和东南地区；国外分布于中南半岛北部。鼎湖山见于整个保护区。

（张建　摄）

（赵穗成　摄）

雀形目 Passeriformes　噪鹛科 Leiothrichidae　体长：30 厘米

# 黑脸噪鹛（hēi liǎn zào méi）

◆ 学　　名：*Garrulax perspicillatus*
◆ 英 文 名：Masked Laughingthrush
◆ 居 留 型：留鸟
◆ 保护级别：无

**识别特征：**由前额至眼后再到耳羽和下脸颊形成的黑色脸罩为本种的主要辨别特征。通体灰褐色，下体较淡，尾下覆羽棕黄色。虹膜黑色，喙近黑色，脚红褐色。

**生境类型：**栖息于季风常绿阔叶林、针阔混交林、马尾松林、山地常绿阔叶林及农耕区。

**习性：**性喧闹，叫声洪亮，多成对或结小群活动。杂食性，主要觅食昆虫，也吃植物果实和种子、无脊椎动物及部分农作物。

**分布范围：**中国广布于长江流域以南地区；国外分布于越南北部。鼎湖山见于除鸡笼山顶外的其他区域。

（张建　摄）

雀形目 Passeriformes　噪鹛科 Leiothrichidae　体长：30 厘米

# 黑领噪鹛（hēi lǐng zào méi）

◆ 学　　名：*Garrulax pectoralis*
◆ 英 文 名：Greater Necklaced Laughingthrush
◆ 居 留 型：留鸟
◆ 保护级别：无

**识别特征：**脸颊具复杂黑白相间的条纹，耳后至前胸具宽阔的黑色条带为本种的主要辨别特征。后枕、颈背、两胁、尾下覆羽棕红色，其余上体灰褐色，两侧尾羽尖端白色，颏、喉、下体白色。虹膜栗色，喙角质灰色，脚蓝灰色。

**生境类型：**栖息于季风常绿阔叶林、针阔混交林、马尾松林、溪边林。

**习性：**性喧闹而惧人，喜集群活动，常与其他噪鹛混群。主要觅食昆虫，也吃植物果实和种子。

**分布范围：**中国分布于南方各省区及甘南、陕南地区；国外分布于喜马拉雅山脉中段至缅甸北部、东部以及中南半岛北部。鼎湖山见于除鸡笼山顶外的其他区域。

（赵穗成　摄）

雀形目 Passeriformes　噪鹛科 Leiothrichidae　体长：26 厘米

# 黑喉噪鹛（hēi hóu zào méi）

◆ 学　　名：*Garrulax chinensis*
◆ 英 文 名：Black-throated Laughingthrush
◆ 居 留 型：留鸟
◆ 保护级别：无

**识别特征**：前额、颏、喉、上胸狭窄的黑色区域与脸侧的白斑形成鲜明对比为本种的主要辨别特征。头顶、颈侧、胸腹深灰色，前额黑色羽上方有少量白色羽，上体、两翼、尾上覆羽棕褐色。虹膜红褐色，喙黑色，脚黄褐色至褐色。

**生境类型**：栖息于季风常绿阔叶林、针阔混交林、马尾松林及山地常绿阔叶林。

**习性**：性喧闹，常单独或结小群活动于植被中下层。主要觅食昆虫，也吃部分植物果实和种子。

**分布范围**：中国分布于广东、广西、云南和海南；国外分布于中南半岛。鼎湖山见于除鸡笼山顶外的其他区域。

（范宗骥　摄）

（张建　摄）

雀形目 Passeriformes　噪鹛科 Leiothrichidae　体长：15 厘米

# 红嘴相思鸟（hóng zuǐ xiāng sī niǎo）

**识别特征：**喙鲜红色，喉黄色，两翼具鲜红色和明黄色羽缘，尾黑且分叉为本种的主要辨别特征。眼先白色、眼后灰色，胸橙黄色，下腹淡褐色，上体橄榄绿色，两胁染灰色。虹膜黑褐色，脚粉褐色。

**生境类型：**栖息于季风常绿阔叶林、针阔混交林、马尾松林、溪边林、山地常绿阔叶林及山顶灌草丛。

**习性：**性喧闹，结群活动，休息时紧靠一起相互舔整羽毛，常与其他鸟类混群。主要觅食昆虫，也吃植物果实和种子等。

**分布范围：**中国广布于秦岭、大别山以南，西藏南部以东的内陆地区；国外分布于印度东北部、缅甸中北部。鼎湖山见于整个保护区。

（范宗骥　摄）

- 学　　名：*Leiothrix lutea*
- 英 文 名：Red-billed Leiothrix
- 居 留 型：留鸟
- 保护级别：广东省重点保护野生动物
- 附　　注：湖南省省鸟、黄山市市鸟

（叶小新　摄）

雀形目 Passeriformes 椋鸟科 Sturnidae 体长：26 厘米

# 八哥（bā gē）

（赵穗成 摄）

**识别特征**：通体黑色，前额具突出的羽冠，飞行时清晰可见两翼上呈“八”字形的白斑为本种的主要辨别特征。尾下覆羽具黑白色横纹，尾端边缘白色。虹膜橙黄色，喙黄色、基部红色，脚黄色。

**生境类型**：栖息于农耕区。

**习性**：性活泼喧闹，常结群活动，经笼养能学“说话”。主要觅食昆虫，也吃植物果实和种子。

- 学　　名：*Acridotheres cristatellus*
- 英 文 名：Crested Myna
- 居 留 型：留鸟
- 保护级别：无

**分布范围**：中国分布于淮河流域以南地区；国外分布于中南半岛北部。鼎湖山见于外围农耕区。

雀形目 Passeriformes 椋鸟科 Sturnidae | 体长：23 厘米

# 丝光椋鸟（sī guāng liáng niǎo）

◆ 学　　名：*Spodiopsar sericeus*
◆ 英 文 名：Silly Starling
◆ 居 留 型：留鸟
◆ 保护级别：无

**识别特征**：嘴红色而尖端黑色，颏、喉、尾下覆羽白色，两翼、尾羽黑色且有墨绿色光泽，翼上有白斑。雄鸟头部银灰色，颈部的白色羽毛成丝状羽，上背、下体浅灰色；雌鸟体羽暗淡，头部灰褐色，颈部丝状羽不明显。虹膜黑色，脚橙红色。

**生境类型**：栖息于农耕区。

**习性**：性活泼喧闹，喜结群。主要觅食地老虎、甲虫及蝗虫等昆虫，也吃榕果、桑葚等植物果实和种子。

**分布范围**：中国分布于长江流域以南地区；国外分布于中南半岛北部和菲律宾。鼎湖山见于外围农耕区。

（黎炳雄　摄）

（赵穗成　摄）

雀形目 Passeriformes　椋鸟科 Sturnidae　体长：28 厘米

# 黑领椋鸟（hēi lǐng liáng niǎo）

（叶小新　摄）

◆ 学　　名：*Gracupica nigricollis*
◆ 英 文 名：Black-collared Starling
◆ 居 留 型：留鸟
◆ 保护级别：无

**识别特征：**为黑白色椋鸟，头白色，眼周黄色三角形裸皮显著，颈环及上胸具区别于其他椋鸟的黑色颈圈，背及两翼黑色，大、中覆羽及飞羽末端白色，尾黑褐色而末端白色，下体白色。雌鸟似雄鸟，但多褐色。虹膜黑褐色，喙黑色，脚浅灰色。

**生境类型：**栖息于农耕区。

**习性：**常成对或集小群活动，有时也与八哥混群，叫声洪亮。多觅食于地面，主要觅食甲虫、蝗虫及鳞翅目幼虫等昆虫，也吃蚯蚓、蜘蛛等无脊椎动物和植物果实、种子等。

**分布范围：**中国分布于云南西部和南部，广西南部、广东、福建等地；国外分布于中南半岛和马来半岛。鼎湖山见于外围农耕区。

雀形目 Passeriformes　鸫科 Turdidae　　体长：21 厘米

# 橙头地鸫（chéng tóu dì dōng）

◆ 学　　名：*Geokichla citrina*
◆ 英 文 名：Orange-headed Thrush
◆ 居 留 型：夏候鸟
◆ 保护级别：无

**识别特征**：头、颈、胸、下体橙黄色，脸颊颜色较浅并具两道褐色纵纹，背部、两翼、尾青灰色，背部具深色鳞状斑，翼具白色肩羽，下腹、尾下覆羽白色。雌鸟颜色暗淡。虹膜黑褐色，喙角质灰色，脚橙黄色。

**生境类型**：栖息于季风常绿阔叶林、针阔叶混交林、马尾松林及山地常绿阔叶林。

**习性**：地栖性鸟类，性羞怯，常在树上鸣叫。主要觅食昆虫，也吃植物果实和种子。

**分布范围**：中国分布于长江流域以南地区；国外分布于东南亚及大巽他群岛。鼎湖山见于除山顶的其他区域。

雄鸟（范宗骥　摄）

雌鸟（范宗骥　摄）

亚成体（钟润德　摄）

雀形目 Passeriformes　鸫科 Turdidae　　体长：27 厘米

# 虎斑地鸫（hǔ bān dì dōng）

（红外相机拍摄）

**识别特征：**头顶、上体橄榄褐色，通体满布金褐色次端斑和黑色端斑的鳞状斑纹，下体黄白色并具月牙状黑色斑。虹膜黑褐色，喙褐色、下喙基部肉色，脚肉色。

**生境类型：**栖息于季风常绿阔叶林、针阔叶混交林。

**习性：**地栖性鸟类，性羞怯，常单独或成对活动。多取食于地面，主要觅食昆虫和无脊椎动物，也吃少量植物果实、种子等。

◆ 学　　名：*Zoothera aurea*
◆ 英 文 名：White's Thrush
◆ 居 留 型：冬候鸟
◆ 保护级别：无

**分布范围：**中国分布于西藏、四川、云南、广西、广东；国外分布于印度东北部至东南亚。鼎湖山见于庆云寺、三宝峰、五棵松、莲花坳、飞水潭、旱坑、院士基地及树木园等地。

雀形目 Passeriformes　鸫科 Turdidae　体长：22 厘米

# 灰背鸫（huī bèi dōng）

**识别特征**：为灰色鸫，两胁红棕色。雄鸟头部、上体灰色，颏、喉偏白色，下腹至尾下覆羽白色；雌鸟上体灰黑色，胸部具黑色点状纵纹。虹膜黑褐色，具细的黄色眼圈，喙黄色，脚肉色。

**生境类型**：栖息于季风常绿阔叶林及针阔叶混交林。

**习性**：甚惧生，常单独或成对活动，有时结成几只到十几只的小群，常在地面的腐叶上跳动觅寻食物。主要觅食昆虫，也吃蚯蚓和植物果实、种子等。

**分布范围**：中国繁殖于东北地区，越冬于华南、华东地区；国外繁殖于朝鲜、韩国等地。鼎湖山见于白云寺、树木园、草塘、旱坑、望鹤亭及庆云寺至莲花坳一带。

- 学　　名：*Turdus hortulorum*
- 英 文 名：Grey-backed Thrush
- 居 留 型：冬候鸟
- 保护级别：无

雄鸟（张建　摄）

雌鸟（叶小新　摄）

雀形目 Passeriformes　鸫科 Turdidae　　体长：22 厘米

# 乌灰鸫（wū huī dōng）

- 学　　名：*Turdus cardis*
- 英 文 名：Japanese Thrush
- 居 留 型：冬候鸟
- 保护级别：无

**识别特征：** 雌雄异色。雄鸟头部、喉及上胸黑色，背部、两翼、腰及尾上覆羽青灰色，两肋具黑色点斑，下体其余白色；雌鸟上体灰褐色，胸偏灰色且具黑色纵纹，两肋染棕红色且具黑色点斑，下腹及尾下覆羽白色。虹膜黑褐色，雄鸟喙橘黄色，雌鸟喙近黑色，脚肉色。

**生境类型：** 栖息于季风常绿阔叶林、针阔混交林及山地常绿阔叶林。

**习性：** 地栖性，性隐蔽而胆小怯生，常单独活动。多在地面觅食，主要觅食昆虫，也吃植物果实和种子。

**分布范围：** 中国繁殖于河南、湖北、安徽及贵州，冬季南迁至广东、广西及海南；国外繁殖于日本、俄罗斯东部。鼎湖山见于除鸡笼山顶外的其他区域。

雄鸟（红外相机拍摄）

雌鸟（红外相机拍摄）

雀形目 Passeriformes 鸫科 Turdidae

体长：28 厘米

## 乌鸫（wū dōng）

**识别特征**：喙黄色，具黄色眼圈。雄鸟通体黑色；雌鸟通体黑褐色，颏、喉、上胸具褐色纵纹。虹膜黑褐色，脚褐色。

**生境类型**：栖息于针阔混交林、城市公园、居民区等。

**习性**：胆小，常单独或结小群活动，多取食于地面，主要以昆虫为食，也吃植物果实和种子，秋冬季吃的植物性食物较多。

**分布范围**：中国分布于西北、西南、华南、华中、华东的广大区域；国外分布于欧亚大陆、北非、中南半岛及朝鲜、日本、韩国等。鼎湖山见于迪坑、地质疗养院、树木园、院士基地及外围农耕区。

- 学　　名：*Turdus mandarinus*
- 英 文 名：Chinese Blackbird
- 居 留 型：留鸟
- 保护级别：无
- 附　　注：瑞典国鸟

雌鸟（赵穗成　摄）

雄鸟（赵穗成　摄）

雀形目 Passeriformes　鹟科 Muscicapidae　体长：13 厘米

# 红尾歌鸲（hóng wěi gē qú）

- 学　　名：*Larvivora sibilans*
- 英 文 名：Rufous-tailed Robin
- 居 留 型：冬候鸟
- 保护级别：无

**识别特征**：上体橄榄褐色，眉纹白色或白色不甚明显，两翼、腰及尾羽红棕色，下体白色，胸部具鳞状斑。虹膜黑褐色，喙黑色，脚粉色。

**生境类型**：栖息于常绿阔叶林及针阔混交林。

**习性**：常单独或成对活动，性活跃，善隐匿，喜地栖生活，跳动时尾不停地上下颤动。主要觅食鞘翅目、鳞翅目等昆虫。

**分布范围**：中国繁殖于东北，越冬于云南、广东、广西及海南等地；国外分布于东北亚至中南半岛北部。鼎湖山见于旱坑、庆云寺、五棵松、飞水潭、草塘及飞天燕。

（赵穗成　摄）

雀形目 Passeriformes　鹟科 Muscicapidae　体长：14 厘米

# 红胁蓝尾鸲（hóng xié lán wěi qú）

- 学　　名：*Tarsiger cyanurus*
- 英 文 名：Orange-flanked Bluetail
- 居 留 型：冬候鸟
- 保护级别：无

雄鸟（叶小新　摄）

雌鸟（张建　摄）

**识别特征：**喉白色，两胁橙黄色，腹白色，尾蓝为主要辨别特征。雄鸟头、上体天蓝色，具细白色眉纹，胸、两胁染灰色；雌鸟头、上体灰褐色，胸、两胁浅褐色，无白色眉。虹膜、喙、脚黑色。

**生境类型：**栖息于季风常绿阔叶林、针阔混交林、马尾松林及溪边林。

**习性：**地栖性，常单独或成对活动，善隐匿，停歇时常上下摆尾。主要觅食昆虫，也吃少量蜘蛛、蠕虫及植物果实、种子等。

**分布范围：**中国繁殖于东北，越冬于华南、西南；国外分布于东北亚至中南半岛。鼎湖山见于除鸡笼山顶外的其他区域。

雀形目 Passeriformes　鹟科 Muscicapidae　体长：13 厘米

# 白喉短翅鸫（bái hóu duǎn chì dōng）

- 学　　名：*Brachypteryx leucophris*
- 英 文 名：Lesser Shortwing
- 居 留 型：留鸟
- 保护级别：无
- 附　　注：2014 年 5 月 27 日，鼎湖山首次被记录

**识别特征：**雄鸟上体青蓝色，眼先具短粗的白色眉纹，颏、喉及腹中部白色，胸和两胁蓝灰色；雌鸟上体棕褐色，具短而被掩盖的白色眉纹，胸、两胁褐色且具鳞状斑，下体中央白色。虹膜黑色，喙黑褐色，脚角质褐色。

**生境类型：**栖息于林下植被茂密的常绿阔叶林及针阔叶混交林，尤喜靠近溪流的沟谷。

**习性：**性羞怯，常单独或成对活动，鸣声清脆悦耳。

**分布范围：**中国分布于云南、四川南部、福建、广东、广西及湖南等地；国外分布于不丹、尼泊尔、印度及东南亚各国。鼎湖山见于除鸡笼山顶外的其他区域，从海拔 20 米到 700 米均有分布。

（范宗骥　摄）

（黎炳雄　摄）

雀形目 Passeriformes　鹟科 Muscicapidae　体长：20 厘米

# 鹊鸲（què qú）

**识别特征**：黑白色鸟类。雄鸟头部、颈、胸、两翼、中央尾羽黑色，翼上具白色条带状翼斑，下胸、腹部、臀、外侧尾羽白色；雌鸟似雄鸟，但黑色被暗灰色取代。虹膜褐色，喙、脚黑色。

**生境类型**：栖息于季风常绿阔叶林、针阔混交林，以及城市、公园、农耕区等开阔地。

**习性**：性活泼，喜人类居住的环境，常单独或成对活动，鸣声婉转动听。主要觅食昆虫，也吃少量蜘蛛、蜈蚣等无脊椎动物及植物果实和种子。

**分布范围**：中国分布于长江流域以南地区；国外分布于南亚次大陆及东南亚各国。鼎湖山见于树木园、庆云寺、白云寺、迪坑、旱坑、地质疗养院、院士基地、飞水潭及宝鼎园。

- 学　　名：*Copsychus saularis*
- 英 文 名：Oriental Magpie Robin
- 居 留 型：留鸟
- 保护级别：无

雌鸟（叶小新　摄）

雄鸟（刘莉　摄）

雀形目 Passeriformes　鹟科 Muscicapidae　体长：15 厘米

# 北红尾鸲（běi hóng wěi qú）

**识别特征：**具明显的白色三角形翼斑，尾羽栗红色而中央尾羽黑褐色。雄鸟顶冠至枕后银灰色，脸颊、颏、喉、两翼、上背黑褐色，腰和下体橘红色；雌鸟头部和上体棕褐色，下体浅棕褐色。虹膜黑色，喙角质灰色，脚灰黑色。

- 学　　名：*Phoenicurus auroreus*
- 英 文 名：Daurian Redstart
- 居 留 型：冬候鸟
- 保护级别：无

**生境类型：**栖息于针阔混交林、公园及农耕区。

**习性：**性胆怯，常单独或成对活动，停歇时不断地上下摆动尾和点头。主要觅食昆虫，也吃少量植物果实和种子。

**分布范围：**中国繁殖于东北、华北、华中、西南地区，越冬于长江流域以南地区；国外繁殖于东北亚、不丹、尼泊尔、印度，越冬于中南半岛北部。鼎湖山见于迪坑、树木园、旱坑及外围农耕区。

雌鸟（张建　摄）

（黎炳雄　摄）

雄鸟（刘莉　摄）

雀形目 Passeriformes　鹟科 Muscicapidae　体长：14 厘米

# 红尾水鸲（hóng wěi shuǐ qú）

- 学　　名：*Rhyacornis fuliginosa*
- 英 文 名：Plumbeous Water Redstart
- 居 留 型：冬候鸟
- 保护级别：无

**识别特征：**雌雄异色。雄鸟通体深青蓝色，腰、臀、尾栗红色；雌鸟头部、上体灰褐色，下体白色并具深灰色鳞状斑，腰、臀、尾基白色。虹膜、喙黑色，脚黑褐色。

**生境类型：**栖息于溪边、河边、池塘等水域。

**习性：**常单独或成对活动，停歇时常打开尾扇并上下摆动。主要觅食昆虫，也吃少量植物果实和种子。

**分布范围：**中国分布于华北及黄河流域以南地区；国外分布于尼泊尔、不丹、印度、巴基斯坦及中南半岛北部。鼎湖山见于树木园池塘、迪坑及东溪。

雌鸟（叶小新　摄）

雄鸟（赵穗成　摄）

雀形目 Passeriformes　鹟科 Muscicapidae　体长：18 厘米

# 白尾蓝地鸲（bái wěi lán dì qú）

**识别特征：** 雌雄异色。雄鸟通体蓝黑色，尾基部白色，前额、肩羽辉蓝色；雌鸟棕褐色，喉部和下体颜色较淡，喉基部具偏白色的横带，尾基部白色（同雄鸟）。虹膜黑褐色，喙、脚黑色。

**生境类型：** 栖息于季风常绿阔叶林、针阔叶混交林、山地常绿阔叶林、山地灌草丛及近溪流的沟谷等。

**习性：** 地栖性，性隐蔽，常单独或成对活动。主要觅食昆虫，也吃少量植物果实和种子。

**分布范围：** 中国分布于广西、广东、海南、台湾及西南各省区；国外分布于不丹、尼泊尔、印度、巴基斯坦缅甸北部、中南半岛及马来半岛。鼎湖山见于整个保护区。

- 学　　名：*Myiomela leucurum*

- 英 文 名：White-tailed Robin
- 居 留 型：留鸟
- 保护级别：无
- 附　　注：2014 年 10 月 17 日，鼎湖山首次被记录

雄鸟（范宗骥　摄）

雌鸟（黎炳雄　摄）

雌鸟（范宗骥　摄）

雀形目 Passeriformes　鹟科 Muscicapidae　体长：30 厘米

# 紫啸鸫（zǐ xiào dōng）

◆ 学　　名：*Myophonus caeruleus*
◆ 英 文 名：Blue Whistling Thrush
◆ 居 留 型：留鸟
◆ 保护级别：无

**识别特征：**通体蓝紫色且具光泽，头、颈、上背、胸、下体具辉蓝色亮斑，非繁殖季偏黑色。虹膜红褐色，喙黑色或黄色，脚黑色。

**生境类型：**栖息于季风常绿阔叶林、针阔叶混交林等森林溪流沿岸。

**习性：**地栖性，常单独或成对活动，性机警，停歇时常打开尾扇并上下摆动。主要觅食昆虫，也吃少量植物果实和种子。

**分布范围：**中国分布于华南、华中、西南、华东等地区；国外分布于经巴基斯坦、印度北部到东南亚各国。鼎湖山见于除鸡笼山顶外的山间溪流附近。

（范宗骥　摄）

（刘莉　摄）

雀形目 Passeriformes 鹟科 Muscicapidae

体长：23 厘米

# 灰背燕尾（huī bèi yàn wěi）

◆ 学　　名：*Enicurus schistaceus*
◆ 英 文 名：Slaty-backed Forktail
◆ 居 留 型：留鸟
◆ 保护级别：无

**识别特征**：头顶至背部灰色，前额具宽阔的白色条带并延至眼后，下脸颊、颏、喉黑色，两翼黑色并具白斑，胸至下腹白色，腰、尾下覆羽白色，长而分叉的尾黑色而尖端白色。虹膜、喙黑色，脚粉色。

**生境类型**：栖息于山地的溪流和沟渠间。

**习性**：多单独或成对活动于浅水的乱石间，停息于砾石上且尾常上下摆动。主要觅食昆虫及其他小型无脊椎动物。

**分布范围**：中国分布于华南、华中、西南等地区；国外分布于不丹、尼泊尔、印度、巴基斯坦及中南半岛、马来半岛。鼎湖山见于庆云寺、东溪、西溪的溪流和沟边附近。

（黎炳雄　摄）

（叶小新　摄）

雀形目 Passeriformes　鹟科 Muscicapidae　体长：26 厘米

# 白额燕尾（bái é yàn wěi）

◆ 学　　名：*Enicurus leschenaulti*
◆ 英 文 名：White-crowned Forktail
◆ 居 留 型：留鸟
◆ 保护级别：无

**识别特征**：前额至头顶具白斑，头余部、颈、背、颏、喉及胸黑色，腰、腹部及尾下覆羽白色，两翼黑色且具白色翼斑；尾上覆羽黑色并具白色端斑，中央尾羽最短，往外依次变长，显得尾长且尾叉深，同时使整个尾部呈黑白相间状，极为醒目。虹膜、喙黑色，脚粉色。

**生境类型**：栖息于山地的溪流和沟渠间。

**习性**：性活跃好动，多单独或成对活动于浅水区域，飞行时紧贴水面且呈波浪状。主要觅食昆虫。

**分布范围**：中国分布于长江流域及以南的地区，包括海南岛；国外分布于印度东北部及东南亚各国。鼎湖山见于庆云寺、白云寺、东溪、西溪的溪流和沟边附近。

（黎炳雄　摄）

雀形目 Passeriformes 鹟科 Muscicapidae 体长：13 厘米

# 黑喉石䳭（hēi hóu shí jí）

- 学　　名：*Saxicola maurus*
- 英 文 名：Siberian Stonechat
- 居 留 型：冬候鸟
- 保护级别：无

**识别特征**：雄鸟头部及飞羽黑色，颈侧具白斑，两翼具白色羽缘，背深褐色，腰白色，胸及两胁棕色，尾羽黑色；雌鸟色彩较暗，下体皮黄色，腰浅皮黄色，尾羽黑褐色。虹膜黑褐色，喙、脚黑色。

**生境类型**：栖息于农耕区。

**习性**：常单独或成对活动，喜开阔的农田、花园。主要觅食昆虫，偶尔也吃蚯蚓、蜘蛛等其他无脊椎动物以及植物果实和种子。

**分布范围**：中国繁殖于东北，越冬于南方地区；国外分布于朝鲜半岛、日本、印度及东南亚各国。鼎湖山见于外围农耕区。

雄鸟（赵穗成　摄）

雌鸟（赵穗成　摄）

雀形目 Passeriformes　鹟科 Muscicapidae　体长：13 厘米

# 黄眉姬鹟（huáng méi jī wēng）

◆ 学　　名：*Ficedula narcissina*
◆ 英 文 名：Narcissus Flycatcher
◆ 居 留 型：旅鸟
◆ 保护级别：无

**识别特征：**雄鸟以鲜黄色眉纹为主要辨别特征，上体黑色，腰黄色，两翼具白斑，颏、喉中央橙红色，下腹、尾下覆羽白色；雌鸟暗淡，通体灰褐色，具两道白色翼斑，尾棕色。虹膜黑色，喙蓝黑色，脚褐色。

**生境类型：**栖息于季风常绿阔叶林、针阔混交林及林缘地带。

**习性：**常单独或成对活动，立姿直。主要觅食昆虫，喜在树间或空中捕食。

**分布范围：**中国分布于华南、华东及云南；国外繁殖于东北亚，越冬于东南亚。鼎湖山见于茶场后山、旱坑、天湖、草塘、半边山及飞水潭。

（刘莉　摄）

（赵穗成　摄）

雀形目 Passeriformes　鹟科 Muscicapidae　体长：17 厘米

# 铜蓝鹟（tóng lán wēng）

- 学　　名：*Eumyias thalassinus*
- 英 文 名：Verditer Flycatcher
- 居 留 型：夏候鸟
- 保护级别：无

**识别特征：** 雌雄羽色相似，尾下覆羽蓝绿色并具白色鳞状斑纹。雄鸟通体铜蓝色，眼先黑色；雌鸟颜色较淡，眼先暗黑色，喉部灰白色。虹膜黑褐色，喙黑色，脚近黑色。

**生境类型：** 栖息于针阔混交林的林缘及开阔地带。

**习性：** 性大胆不惧人，常单独或成对活动，喜飞出空中捕食。主要觅食昆虫，也吃部分植物果实和种子。

**分布范围：** 中国分布于华南、华东及西南等地区；国外分布于南亚东北部及东南亚。鼎湖山见于树木园、幽胜牌坊、杜鹃山、旱坑及迪坑。

（赵穗成　摄）

（范宗骥　摄）

雀形目 Passeriformes 鹟科 Muscicapidae 体长：14 厘米

# 海南蓝仙鹟（hǎi nán lán xiān wēng）

**识别特征：** 雌雄羽色相异。雄鸟头顶、上体、尾羽深蓝色，脸部及喉颜色较深并形成黑色脸罩，两翼灰褐色，下胸、腹部、尾下覆羽白色，两胁灰色；雌鸟上体褐色，具皮黄色眼圈，喉、胸橙色，腹部白色。虹膜、喙黑色，脚肉褐色。

**生境类型：** 栖息于季风常绿阔叶林、针阔混交林及马尾松林。

**习性：** 常单独或成对活动，繁殖期鸣声婉转动听。主要觅食昆虫。

**分布范围：** 中国分布于华南及云南、贵州、福建；国外分布于中南半岛。鼎湖山见于树木园、大旗山、米塔岭、迪坑、旱坑、庆云寺、五棵松及望鹤亭。

- 学　　名：*Cyornis hainanus*
- 英 文 名：Hainan Blue Flycatcher
- 居 留 型：夏候鸟
- 保护级别：无

雄鸟（赵穗成　摄）

雌鸟（范宗骥　摄）

雀形目 Passeriformes 鹟科 Muscicapidae

体长：17 厘米

# 棕腹大仙鹟（zōng fù dà xiān wēng）

- 学　　名：*Niltava davidi*
- 英 文 名：Fujian Niltava
- 居 留 型：冬候鸟
- 保护级别：无

**识别特征**：雌雄羽色相异。雄鸟上体深蓝色，脸颊、颏、喉黑色，头顶蓝灰色仅位于前额到头顶，颈侧具亮丽辉蓝色，肩羽辉蓝色较暗或不明显，胸部橙色到腹部逐渐变淡；雌鸟体羽灰褐色，眼先、腰、尾上覆羽、两翼灰色，颈侧具辉蓝色斑，喉部有白色颈环。虹膜黑褐色，喙黑色，脚黑色。

**生境类型**：栖息于季风常绿阔叶林、针阔混交林及山地常绿阔叶林。

**习性**：常单独或成对活动，主要觅食昆虫。

**分布范围**：中国分布于西南、华南地区；国外越冬于中南半岛。鼎湖山见于庆云寺、五棵松。

雄鸟（赵穗成　摄）

雀形目 Passeriformes　叶鹎科 Chloropseidae　　体长：20 厘米

# 橙腹叶鹎（chéng fù yè bēi）

◆ 学　　名：*Chloropsis hardwickii*
◆ 英 文 名：Orange-bellied Leafbird
◆ 居 留 型：留鸟
◆ 保护级别：无

**识别特征**：雄鸟下体橙黄色，上体绿色，脸颊、颏、上胸黑色，具蓝紫色髭纹，头绿色染橙黄色，两翼为蓝色；雌鸟髭纹蓝色，通体绿色，指名亚种 *hardwickii* 的雌鸟腹部有一条狭窄的橙色条带，而见于鼎湖山保护区的华南亚种 *melliana* 的雌鸟则无此条带。虹膜褐色，喙黑色，脚灰色。

**生境类型**：栖息于季风常绿阔叶林、针阔混交林。

**习性**：性活跃，常单独或成对活动。主要觅食昆虫，也吃部分植物果实和种子。

**分布范围**：中国分布于南方各省区，国外分布于不丹、尼泊尔、印度、巴基斯坦及东南亚各国。鼎湖山见于树木园、大旗山、米塔岭、迪坑、望鹤亭、旱坑、庆云寺及宝鼎园等地。

雌鸟（张建　摄）

雄鸟（范宗骥　摄）

雀形目 Passeriformes　啄花鸟科 Dicaeidae　　体长：9 厘米

# 红胸啄花鸟（hóng xiōng zhuó huā niǎo）

- 学　　名：*Dicaeum ignipectus*
- 英 文 名：Fire-breasted Flowerpecker
- 居 留 型：留鸟
- 保护级别：无

**识别特征**：雌雄羽色相异。雄鸟胸口一猩红色斑块和一道沿腹部而下的狭窄黑色纵纹为主要辨别特征，上体蓝色并具绿色辉光，下体皮黄色；雌鸟颜色暗淡，背部橄榄褐色，下体污黄色。虹膜褐色，喙黑色，脚灰色。

**生境类型**：栖息于季风常绿阔叶林、针阔混交林、溪边林及马尾松林。

**习性**：性活跃，边飞边叫，不停地在树枝间跳跃觅食，常光顾树冠层槲寄生的植物。野外雌鸟较难识别，但啄花鸟常成对或结小群活动，可通过雄鸟来识别雌鸟。主要觅食昆虫和植物果实，尤喜浆果及槲寄生果实上的黏质物。

**分布范围**：中国分布于华南、华中及西藏、云南、台湾；国外分布于不丹、尼泊尔、印度、巴基斯坦及东南亚各国。鼎湖山见于除鸡笼山顶的大部分区域。

雌鸟（范宗骥　摄）

雄鸟（叶小新　摄）

雀形目 Passeriformes　花蜜鸟科 Nectariniidae　体长：10 厘米

# 叉尾太阳鸟（chā wěi tài yáng niǎo）

◆ 学　　名：*Aethopyga christinae*
◆ 英 文 名：Fork-tailed Sunbird
◆ 居 留 型：留鸟
◆ 保护级别：无

**识别特征**：雌雄羽色相异。雄鸟顶冠至颈背金属绿色，脸黑色并具闪辉绿色的髭纹，喉、上胸紫红色，上体橄榄绿色，腰黄色，下体淡黄色，中央尾羽有尖细的延长并呈叉状，外侧尾羽黑色而端白色；雌鸟上体浅橄榄绿色。虹膜褐色，喙、脚黑色。

**生境类型**：栖息于季风常绿阔叶林、针阔混交林、溪边林、马尾松林、城市公园及农耕区。

**习性**：性活跃，常单独或成对活动。常光顾开花的矮丛及树木，喜食花蜜，也吃昆虫等动物性食物。

**分布范围**：中国广布于长江以南地区；国外分布于越南。鼎湖山见于除鸡笼山顶外的其他区域。

雌鸟（范宗骥　摄）

雄鸟（叶小新　摄）

雀形目 Passeriformes　梅花雀科 Estrildidae　体长：11 厘米

# 白腰文鸟（bái yāo wén niǎo）

◆ 学　　名：*Lonchura striata*
◆ 英 文 名：White-rumped Munia
◆ 居 留 型：留鸟
◆ 保护级别：无

**识别特征：**腰白色为主要辨别特征。雌雄羽色相似，上体深褐色，具白色细纵纹，下体灰白色并具皮黄色鳞状斑，颏、喉深褐色，上胸栗色，尾下覆羽栗褐色，具黑色的尖形尾。虹膜褐色，喙、脚灰色。

**生境类型：**栖息于针阔混交林和马尾松林的林缘、城市花园及农耕区。

**习性：**性喧闹吵嚷，常结小群活动。主要觅食植物种子，也吃果实、叶、芽等其他植物性食物及少量昆虫等动物性食物。

**分布范围：**中国分布于南方大部分地区，国外分布于印度及东南亚各国。鼎湖山见于庆云寺、迪坑、树木园、飞天燕及外围农耕区。

（范宗骥　摄）

结小群活动（范宗骥　摄）

雀形目 Passeriformes　梅花雀科 Estrildidae　体长：10 厘米

# 斑文鸟（bān wén niǎo）

- 学　　名：*Lonchura punctulata*
- 英 文 名：Scaly-breasted Munia
- 居 留 型：留鸟
- 保护级别：无

**识别特征：**上体褐色，羽轴白色而成纵纹，喉、脸颊红褐色，下体白色，胸和两胁具深褐色鳞状斑。虹膜红褐色，喙蓝灰色，脚灰黑色。

**生境类型：**栖息于针阔混交林、马尾松林的林缘及农耕区。

**习性：**性活泼，常结群活动，冬季可达近百只的大群，具典型的文鸟摆尾习性。主要觅食稻谷、高粱等农作物种子及其他野生植物果实和种子，繁殖期也吃部分昆虫。

**分布范围：**中国分布于华南、西南及东南地区；国外分布于印度及东南亚各国。鼎湖山见于迪坑、树木园及外围农耕区。

雌鸟（范宗骥　摄）

雄鸟（范宗骥　摄）

结群活动（范宗骥　摄）

雀形目 Passeriformes　雀科 Passeridae　体长：14 厘米

# 麻雀（má què）

**识别特征：** 雌雄同色。脸颊白且具显著黑斑（区别于其他种类的麻雀），顶冠、颈背栗褐色，颈背具白色领环，上体近褐色且具黑色纵纹，颏、喉黑色，下体灰白色。虹膜深褐色，喙黑色，脚粉褐色。

**生境类型：** 栖息于城镇及农耕区。

**习性：** 性活跃，常成群活动，喜人居环境。食性较杂，成鸟主要觅食稻谷等禾本科植物的种子及其他植物的果实和种子，幼鸟多以昆虫为食。

**分布范围：** 中国广泛分布于各地；国外分布于欧洲、中东、中亚、东南亚及朝鲜、日本、韩国、不丹、尼泊尔、印度、巴基斯坦。鼎湖山见于树木园、地质疗养院及外围农耕区。

- 学　　名：*Passer montanus*
- 英 文 名：Eurasian Tree Sparrow
- 居 留 型：留鸟
- 保护级别：无

成鸟（叶小新　摄）

幼鸟（刘莉　摄）

雀形目 Passeriformes　鹡鸰科 Motacillidae　体长：19 厘米

# 灰鹡鸰（huī jí líng）

◆ 学　　名：*Motacilla cinerea*
◆ 英 文 名：Grey Wagtail
◆ 居 留 型：冬候鸟
◆ 保护级别：无

**识别特征**：头、背部灰色，具白色细眉纹和颊纹，下体白色染黄色，中央尾羽黑褐色，尾下覆羽黄色，飞行时白色翼斑和黄色的腰明显可见，尾较长；繁殖期喉部变黑色。成鸟下体黄色，亚成鸟下体偏白色。虹膜褐色，喙黑褐色，脚粉灰色。

**生境类型**：栖息于山区溪流附近。

**习性**：常单独或成对活动，喜沿河边或道路行走捕食，尾不断上下摆动。主要觅食昆虫。

**分布范围**：中国繁殖于西北、华北、东北、华中山地，越冬于华南、西南、长江中游及东南地区；国外繁殖于欧洲至西伯利亚和阿拉斯加，越冬于非洲、东南亚及印度、新几内亚、澳大利亚。鼎湖山见于迪坑、树木园、飞水潭、避暑山庄及外围农耕区。

成鸟（叶小新　摄）

亚成鸟（范宗骥　摄）

雀形目 Passeriformes　鹡鸰科 Motacillidae　　体长：20 厘米

# 白鹡鸰（bái jí líng）

- 学　　名：*Motacilla alba*
- 英 文 名：White Wagtail
- 居 留 型：留鸟
- 保护级别：无

**识别特征：**体羽以黑、白、灰三色为主的鹡鸰，不同亚种、性别和季节的羽色有所差异，见于鼎湖山保护区的为普通亚种 *leucopsis*。额、头顶前部、脸部、颈侧白色，尾长，具白色翼斑，上体黑色，下体白色，仅胸口有一半圆形黑斑。雌鸟似雄鸟，但颜色较淡。虹膜褐色，喙、脚黑色。

**生境类型：**栖息于河流、湖泊、池塘等水域附近的开阔地。

**习性：**常单独或成对活动，取食于地面，喜沿水边或道路跑动捕食，尾不断上下摆动，受惊扰飞起时发出警示叫声。主要觅食昆虫，偶尔也吃植物果实和种子。

**分布范围：**中国广泛分布于各地；国外分布于欧亚大陆、非洲、东南亚及朝鲜、日本、韩国等。鼎湖山见于迪坑、树木园、庆云寺、飞水潭、避暑山庄及外围农耕区。

雄鸟（叶小新　摄）

雌鸟（叶小新　摄）

雀形目 Passeriformes　鹡鸰科 Motacillidae　体长：15 厘米

# 树鹨（shù liù）

**识别特征**：具醒目的粗长白色眉纹，耳后具白斑，上体橄榄绿色且纵纹较少，喉、两胁皮黄色，胸及两胁具浓密的黑色纵纹。虹膜褐色，上喙角质色、下喙偏粉色，脚粉红色。

**生境类型**：栖息于针阔混交林、马尾松林、农耕区。

**习性**：常单独或结小群活动，站立时尾常上下摆动，受惊扰时飞起落于树上。主要觅食昆虫及植物种子，也吃少量苔藓，还吃蜘蛛、蜗牛等无脊椎动物。

- 学　　名：*Anthus hodgsoni*
- 英 文 名：Olive-backed Pipit
- 居 留 型：冬候鸟
- 保护级别：无

**分布范围**：中国繁殖于东北、喜马拉雅山脉、秦岭、横断山区，越冬于华南、华中、西南及东南地区；国外分布于日本、韩国、朝鲜、蒙古及东南亚各国。鼎湖山见于大旗山、米塔岭、迪坑、树木园及外围农耕区。

（叶小新　摄）

雀形目 Passeriformes 燕雀科 Fringillidae 体长：15 厘米

# 黑尾蜡嘴雀（hēi wěi là zuǐ què）

◆ 学 名：*Eophona migratoria*
◆ 英文名：Chinese Grosbeak
◆ 居留型：冬候鸟
◆ 保护级别：广东省重点保护野生动物

**识别特征：**喙黄色、硕大而端黑色。雄鸟整个头部黑色，体灰色，两翼、尾羽黑色，两胁染棕黄色，初级飞羽、三级飞羽、初级覆羽端白色，臀黄褐色；雌鸟似雄鸟，头部全为灰色。虹膜褐色，喙黄色而端黑色，脚粉褐色。

**生境类型：**栖息于开阔林地、城市公园、农耕区等。

**习性：**性活泼而胆大，常结群活动，常在林冠层来回跳跃或飞翔。主要觅食植物种子、果实、嫩叶及嫩芽等，也吃昆虫等动物性食物，特别是繁殖期。

**分布范围：**中国繁殖于东北，越冬于南方；国外分布于西伯利亚东部、朝鲜半岛、日本南部。鼎湖山见于树木园及外围农耕区。

（赵穗成 摄）

雀形目 Passeriformes 鹀科 Emberizidae | 体长：15 厘米

# 白眉鹀（bái méi wū）

- 学　　名：*Emberiza tristrami*
- 英 文 名：Tristram's Bunting
- 居 留 型：冬候鸟
- 保护级别：无

**识别特征**：雄鸟头部有黑白色图纹，具白色的顶冠纹、眉纹和颊纹，耳后有一白斑，上体褐色且有纵纹，腰棕色、无纵纹，腹白色，胸、两胁染棕色并具黑色纵纹；雌鸟似雄鸟，但色较暗。虹膜深栗褐色，上喙蓝灰色，下喙偏粉色，脚浅褐色。

**生境类型**：栖息于季风常绿阔叶林、针阔混交林、马尾松林及农耕区。

**习性**：性胆怯，常结小群活动。主要觅食草籽等植物性食物，也吃昆虫等动物性食物。

**分布范围**：中国繁殖于东北林区，越冬于南方的常绿林；国外分布于西伯利亚的邻近地区。鼎湖山见于五棵松、庆云寺、迪坑、望鹤亭、大旗山、米塔岭及外围农耕区。

（范宗骥　摄）

# 参考文献

董润民，于微光，1998. 各国国鸟与中国名鸟 [M]. 北京：中国林业出版社 .

高育仁，1998. 鼎湖山不同生境鸟类群落结构 [J]. 热带亚热带森林生态系统研究（8）：208-214.

黄忠良，2015. 广东鼎湖山国家级自然保护区综合科学考察报告 [M]. 广州：广东科技出版社 .

蒋志刚，江建平，王跃招，等，2016. 中国脊椎动物红色名录 [J]. 生物多样性，24（5）：500-551.

廖维平，1982. 鼎湖山鸟类调查 [J]. 热带亚热带森林生态系统研究（1）：209-231.

刘小如，丁宗苏，方伟宏，等，2010. 台湾鸟类志（上）[M]. 台北：健琪印刷有限公司 .

刘小如，丁宗苏，方伟宏，等，2010. 台湾鸟类志（下）[M]. 台北：健琪印刷有限公司 .

刘小如，丁宗苏，方伟宏，等，2010. 台湾鸟类志（中）[M]. 台北：健琪印刷有限公司 .

曲利明，2014. 中国鸟类图鉴 [M]. 便携版 . 福州：海峡书局 .

约翰 · 马敬能，卡伦 · 菲利普斯，何芬奇，2000. 中国鸟类野外手册 [M]. 长沙：湖南教育出版社 .

张强，2011. 鼎湖山森林演替不同阶段鸟类群落及混合群研究 [D]. 广州：中国科学院华南植物园 .

张荣祖，1999. 中国动物地理 [M]. 北京：科学出版社 .

赵正阶，2001. 中国鸟类志（上卷 · 非雀形目）[M]. 长春：吉林科学技术出版社 .

赵正阶，2001. 中国鸟类志（下卷 · 雀形目）[M]. 长春：吉林科学技术出版社 .

郑光美，2002. 世界鸟类分类与分布名录 [M]. 北京：科学出版社 .

郑光美，2012. 鸟类学 [M]. 2 版 . 北京：北京师范大学出版社 .

郑光美，2017. 中国鸟类分类与分布名录 [M]. 3 版 . 北京：科学出版社 .

郑作新，1976. 中国鸟类分布名录 [M]. 北京：科学出版社 .

周放，1986. 鼎湖山森林繁殖鸟类群落的研究 [J]. 热带亚热带森林生态系统研究（4）：79-91.

周宇垣，秦耀亮，王耀培，等，1981. 鼎湖山地区的陆栖脊椎动物 [C]. 广东省动物学论文集 . 广州：广东省动物学会，48-60.

KADOORIE FARM, BOTANIC GARDEN, 2002. Report of Rapid Biodiversity Assessments at Dinghushan Biosphere Reserve, Western Guangdong, 1998 and 2000[R]. South China Forest Biodiversity Survey Report Series, 11-13.

LEWTHWAITE R W, 1995. Forest Birds of southeast China: observations during 1984-1996[R]. Hong Kong Bird Report, 150-203.

LEWTHWAITE R W，邹发生，2015. 广东省的鸟类及考察历程 [J]. 动物学杂志，50（4）：499-517.

VAUGHAN R E, JONES K H, 1913. The Birds of Hong Kong, Macao, and the West River or Si Kiang in South-East China, with special reference to their Nidification and Seasonal Movements[J]. IBIS, 55(1): 17-76, 163-201, 351-384.

# 附录 I　鼎湖山自然保护区鸟类名录

## Appendix I The checklist of birds of Dinghushan Nature Reserve

| 物种Species | 英文名 English name | 文献来源 References |
|---|---|---|
| I．鸡形目 GALLIFORMES | | |
| （一）雉科 Phasianidae | | |
| 1. 中华鹧鸪 *Francolinus pintadeanus* | Chinese Francolin | Vaughan *et al.*（1913） |
| 2. 鹌鹑 *Coturnix japonica* | Japanese Quail | 周宇垣等（1981） |
| 3. 灰胸竹鸡 *Bambusicola thoracicus* | Chinese Bamboo Partridge | Vaughan *et al.*（1913） |
| 4. 白鹇 *Lophura nycthemera* | Silver Pheasant | 周宇垣等（1981） |
| 5. 环颈雉 *Phasianus colchicus* | Common Pheasant | Vaughan *et al.*（1913） |
| II．雁形目 ANSERIFORMES | | |
| （二）鸭科 Anatidae | | |
| 6. 棉凫 *Nettapus coromandelianus* | Asian Pygmy Goose | Lewthwaite（1995） |
| 7. 罗纹鸭 *Mareca falcata* | Falcated Duck | 周宇垣等（1981） |
| 8. 赤颈鸭 *Mareca penelope* | Eurasian Wigeon | Lewthwaite（1995） |
| 9. 绿翅鸭 *Anas crecca* | Green-winged Teal | 周宇垣等（1981） |
| 10. 白眼潜鸭 *Aythya nyroca* | Ferruginous Duck | 周宇垣等（1981） |
| III．鸊鷉目 PODICIPEDIFORMES | | |
| （三）鸊鷉科 Podicipedidae | | |
| 11. 小鸊鷉 *Tachybaptus ruficollis* | Little Grebe | 周宇垣等（1981） |
| IV．鸽形目 COLUMBIFORMES | | |
| （四）鸠鸽科 Columbidae | | |
| 12. 山斑鸠 *Streptopelia orientalis* | Oriental Turtle Dove | 周宇垣等（1981） |
| 13. 火斑鸠 *Streptopelia tranquebarica* | Red Turtle Dove | 廖维平（1982） |
| 14. 珠颈斑鸠 *Streptopelia chinensis* | Spotted Dove | 周宇垣等（1981） |
| 15. 斑尾鹃鸠 *Macropygia unchall* | Barred Cuckoo Dove | * |
| 16. 绿翅金鸠 *Chalcophaps indica* | Emerald Dove | 周宇垣等（1981） |
| V．夜鹰目 CAPRIMULGIFORMES | | |
| （五）夜鹰科 Caprimulgidae | | |
| 17. 普通夜鹰 *Caprimulgus indicus* | Grey Nightjar | 周宇垣等（1981） |
| 18. 林夜鹰 *Caprimulgus affinis* | Savanna Nightjar | * |
| （六）雨燕科 Apodidae | | |
| 19. 白喉针尾雨燕 *Hirundapus caudacutus* | White-throated Needletail | Vaughan *et al.*（1913） |

（续表）

| 物种Species | 英文名 English name | 文献来源 References |
|---|---|---|
| 20. 灰喉针尾雨燕 *Hirundapus cochinchinensis* | Silver-backed Needletail | Lewthwaite（1995） |
| 21. 白腰雨燕 *Apus pacificus* | Fork-tailed Swift | Vaughan *et al.*（1913） |
| 22. 小白腰雨燕 *Apus nipalensis* | House Swift | 廖维平（1982） |
| Ⅵ. 鹃形目 CUCULIFORMES | | |
| （七）杜鹃科 Cuculidae | | |
| 23. 褐翅鸦鹃 *Centropus sinensis* | Greater Coucal | 周宇垣等（1981） |
| 24. 小鸦鹃 *Centropus bengalensis* | Lesser Coucal | Vaughan *et al.*（1913） |
| 25. 红翅凤头鹃 *Clamator coromandus* | Chestnut-winged Cuckoo | Lewthwaite（1995） |
| 26. 噪鹃 *Eudynamys scolopaceus* | Common Koel | 周宇垣等（1981） |
| 27. 八声杜鹃 *Cacomantis merulinus* | Plaintive Cuckoo | 廖维平（1982） |
| 28. 乌鹃 *Surniculus lugubris* | Drongo Cuckoo | 廖维平（1982） |
| 29. 大鹰鹃 *Hierococcyx sparverioides* | Large Hawk Cuckoo | Lewthwaite（1995） |
| 30. 棕腹鹰鹃 *Hierococcyx nisicolor* | Whistling Hawk Cuckoo | 廖维平（1982） |
| 31. 小杜鹃 *Cuculus poliocephalus* | Lesser Cuckoo | * |
| 32. 四声杜鹃 *Cuculus micropterus* | Indian Cuckoo | Vaughan *et al.*（1913） |
| 33. 中杜鹃 *Cuculus saturatus* | Himalayan Cuckoo | Vaughan *et al.*（1913） |
| Ⅶ. 鹤形目 GRUIFORMES | | |
| （八）秧鸡科 Rallidae | | |
| 34. 普通秧鸡 *Rallus indicus* | Brown-cheeked Rail | 周宇垣等（1981） |
| 35. 红脚田鸡 *Zapornia akool* | Brown Crake | Vaughan *et al.*（1913） |
| 36. 红胸田鸡 *Zapornia fusca* | Ruddy-breasted Crake | 张强（2011） |
| 37. 白胸苦恶鸟 *Amaurornis phoenicurus* | White-breasted Waterhen | Vaughan *et al.*（1913） |
| 38. 董鸡 *Gallicrex cinerea* | Watercock | 廖维平（1982） |
| 39. 黑水鸡 *Gallinula chloropus* | Common Moorhen | 周宇垣等（1981） |
| 40. 白骨顶 *Fulica atra* | Common Coot | 周宇垣等（1981） |
| （九）鹤科 Gruidae | | |
| 41. 灰鹤 *Grus grus* | Common Crane | Vaughan *et al.*（1913） |
| Ⅷ. 鸻形目 CHARADRIIFORMES | | |
| （十）鸻科 Charadriidae | | |
| 42. 金鸻 *Pluvialis fulva* | Pacific Golden Plover | 周宇垣等（1981） |
| 43. 金眶鸻 *Charadrius dubius* | Little Ringed Plover | 周宇垣等（1981） |
| 44. 环颈鸻 *Charadrius alexandrinus* | Kentish Plover | 周宇垣等（1981） |
| （十一）彩鹬科 Rostratulidae | | |

（续表）

| 物种Species | 英文名 English name | 文献来源 References |
| --- | --- | --- |
| 45. 彩鹬 *Rostratula benghalensis* | Greater Painted Snipe | 周宇垣等（1981） |
| （十二）水雉科 Jacanidae | | |
| 46. 水雉 *Hydrophasianus chirurgus* | Pheasant-tailed Jacana | 周宇垣等（1981） |
| （十三）鹬科 Scolopacidae | | |
| 47. 丘鹬 *Scolopax rusticola* | Eurasian Woodcock | 周宇垣等（1981） |
| 48. 针尾沙锥 *Gallinago stenura* | Pintail Snipe | 周宇垣等（1981） |
| 49. 大沙锥 *Gallinago megala* | Swinhoe's Snipe | 廖维平（1982） |
| 50. 扇尾沙锥 *Gallinago gallinago* | Common Snipe | 周宇垣等（1981） |
| 51. 白腰草鹬 *Tringa ochropus* | Green Sandpiper | 周宇垣等（1981） |
| 52. 林鹬 *Tringa glareola* | Wood Sandpiper | 周宇垣等（1981） |
| 53. 矶鹬 *Actitis hypoleucos* | Common Sandpiper | 周宇垣等（1981） |
| （十四）三趾鹑科 Turnicidae | | |
| 54. 棕三趾鹑 *Turnix suscitator* | Barred Buttonquail | 周宇垣等（1981） |
| （十五）燕鸻科 Glareolidae | | |
| 55. 普通燕鸻 *Glareola maldivarum* | Oriental Pratincole | 周宇垣等（1981） |
| （十六）鸥科 Laridae | | |
| 56. 白翅浮鸥 *Chlidonias leucopterus* | White-winged Tern | 周宇垣等（1981） |
| Ⅸ. 鹳形目 CICONIIFORMES | | |
| （十七）鹳科 Ciconiidae | | |
| 57. 黑鹳 *Ciconia nigra* | Black Stork | 周宇垣等（1981） |
| Ⅹ. 鲣鸟目 SULIFORMES | | |
| （十八）鸬鹚科 Phalacrocoracidae | | |
| 58. 普通鸬鹚 *Phalacrocorax carbo* | Great Cormorant | 周宇垣等（1981） |
| Ⅺ. 鹈形目 PELECANIFORMES | | |
| （十九）鹭科 Ardeidae | | |
| 59. 大麻鳽 *Botaurus stellaris* | Eurasian Bittern | 周宇垣等（1981） |
| 60. 黄斑苇鳽 *Ixobrychus sinensis* | Yellow Bittern | 周宇垣等（1981） |
| 61. 紫背苇鳽 *Ixobrychus eurhythmus* | Von Schrenck's Bittern | 周宇垣等（1981） |
| 62. 栗苇鳽 *Ixobrychus cinnamomeus* | Cinnamon Bittern | 周宇垣等（1981） |
| 63. 黑苇鳽 *Ixobrychus flavicollis* | Black Bittern | 廖维平（1982） |
| 64. 夜鹭 *Nycticorax nycticorax* | Black-crowned Night Heron | 周宇垣等（1981） |
| 65. 绿鹭 *Butorides striata* | Striated Heron | Vaughan *et al.*（1913） |
| 66. 池鹭 *Ardeola bacchus* | Chinese Pond Heron | 周宇垣等（1981） |

（续表）

| 物种Species | 英文名 English name | 文献来源 References |
|---|---|---|
| 67. 牛背鹭 *Bubulcus ibis* | Cattle Egret | 周宇垣等（1981） |
| 68. 苍鹭 *Ardea cinerea* | Grey Heron | 周宇垣等（1981） |
| 69. 草鹭 *Ardea purpurea* | Purple Heron | 周宇垣等（1981） |
| 70. 白鹭 *Egretta garzetta* | Little Egret | 周宇垣等（1981） |
| Ⅻ. 鹰形目 ACCIPITRIFORMES | | |
| （二十）鹰科 Accipitridae | | |
| 71. 黑翅鸢 *Elanus caeruleus* | Black-winged Kite | 张强 2011 |
| 72. 黑冠鹃隼 *Aviceda leuphotes* | Black Baza | 廖维平（1982） |
| 73. 蛇雕 *Spilornis cheela* | Crested Serpent Eagle | Lewthwaite（1995） |
| 74. 金雕 *Aquila chrysaetos* | Golden Eagle | Vaughan *et al.*（1913） |
| 75. 白腹隼雕 *Aquila fasciata* | Bonelli's Eagle | Lewthwaite（1995） |
| 76. 凤头鹰 *Accipiter trivirgatus* | Crested Goshawk | 廖维平（1982） |
| 77. 赤腹鹰 *Accipiter soloensis* | Chinese Sparrowhawk | Vaughan *et al.*（1913） |
| 78. 日本松雀鹰 *Accipiter gularis* | Japanese Sparrowhawk | 张强（2011） |
| 79. 松雀鹰 *Accipiter virgatus* | Besra | Lewthwaite（1995） |
| 80. 雀鹰 *Accipiter nisus* | Eurasian Sparrowhawk | Vaughan *et al.*（1913） |
| 81. 苍鹰 *Accipiter gentilis* | Northern Goshawk | 周宇垣等（1981） |
| 82. 白头鹞 *Circus aeruginosus* | Western Marsh Harrier | 周宇垣等（1981） |
| 83. 白尾鹞 *Circus cyaneus* | Hen Harrier | 周宇垣等（1981） |
| 84. 黑鸢 *Milvus migrans* | Black Kite | Lewthwaite（1995） |
| 85. 普通鵟 *Buteo japonicus* | Eastern Buzzard | 周宇垣等（1981） |
| XIII. 鸮形目 STRIGIFORMES | | |
| （二十一）鸱鸮科 Strigidae | | |
| 86. 黄嘴角鸮 *Otus spilocephalus* | Mountain Scops Owl | 周宇垣等（1981） |
| 87. 领角鸮 *Otus lettia* | Collared Scops Owl | Lewthwaite（1995） |
| 88. 红角鸮 *Otus sunia* | Oriental Scops Owl | Lewthwaite（1995） |
| 89. 雕鸮 *Bubo bubo* | Eurasian Eagle-owl | Vaughan *et al.*（1913） |
| 90. 灰林鸮 *Strix aluco* | Tawny Owl | * |
| 91. 领鸺鹠 *Glaucidium brodiei* | Collared Owlet | Lewthwaite（1995） |
| 92. 斑头鸺鹠 *Glaucidium cuculoides* | Asian Barred Owlet | Vaughan *et al.*（1913） |
| 93. 鹰鸮 *Ninox scutulata* | Brown Boobook | Lewthwaite（1995） |
| XIV. 佛法僧目 CORACIIFORMES | | |
| （二十二）蜂虎科 Meropidae | | |

（续表）

| 物种Species | 英文名 English name | 文献来源 References |
|---|---|---|
| 94. 蓝喉蜂虎 *Merops viridis* | Blue-throated Bee-eater | * |
| （二十三）佛法僧科 Coraciidae | | |
| 95. 三宝鸟 *Eurystomus orientalis* | Dollarbird | Vaughan *et al.*（1913） |
| （二十四）翠鸟科 Alcedinidae | | |
| 96. 白胸翡翠 *Halcyon smyrnensis* | White-throated Kingfisher | 周宇垣等（1981） |
| 97. 蓝翡翠 *Halcyon pileata* | Black-capped Kingfisher | 廖维平（1982） |
| 98. 普通翠鸟 *Alcedo atthis* | Common Kingfisher | 周宇垣等（1981） |
| 99. 冠鱼狗 *Megaceryle lugubris* | Crested Kingfisher | Vaughan *et al.*（1913） |
| 100. 斑鱼狗 *Ceryle rudis* | Pied Kingfisher | 周宇垣等（1981） |
| XV．啄木鸟目 PICIFORMES | | |
| （二十五）拟啄木鸟科 Capitonidae | | |
| 101. 大拟啄木鸟 *Psilopogon virens* | Great Barbet | Vaughan *et al.*（1913） |
| 102. 黑眉拟啄木鸟 *Psilopogon faber* | Chinese Barbet | Lewthwaite（1995） |
| （二十六）啄木鸟科 Picidae | | |
| 103. 蚁䴕 *Jynx torquilla* | Eurasian Wryneck | 周宇垣等（1981） |
| 104. 斑姬啄木鸟 *Picumnus innominatus* | Speckled Piculet | Lewthwaite（1995） |
| 105. 白眉棕啄木鸟 *Sasia ochracea* | White-browed Piculet | * |
| 106. 星头啄木鸟 *Dendrocopos canicapillus* | Grey-capped Woodpecker | 周宇垣等（1981） |
| 107. 灰头绿啄木鸟 *Picus canus* | Grey-headed Woodpecker | 周宇垣等（1981） |
| 108. 黄嘴栗啄木鸟 *Blythipicus pyrrhotis* | Bay Woodpecker | 周宇垣等（1981） |
| XVI．隼形目 FALCONIFORMES | | |
| （二十七）隼科 Falconidae | | |
| 109. 红隼 *Falco tinnunculus* | Common Kestrel | 周宇垣等（1981） |
| 110. 燕隼 *Falco subbuteo* | Eurasian Hobby | 廖维平（1982） |
| 111. 游隼 *Falco peregrinus* | Peregrine Falcon | Vaughan *et al.*（1913） |
| XVII．雀形目 PASSERIFORMES | | |
| （二十八）八色鸫科 Pittidae | | |
| 112. 蓝翅八色鸫 *Pitta moluccensis* | Blue-winged Pitta | 周放（1986） |
| （二十九）黄鹂科 Oriolidae | | |
| 113. 黑枕黄鹂 *Oriolus chinensis* | Black-naped Oriole | Vaughan *et al.*（1913） |
| （三十）莺雀科 Vireonidae | | |
| 114. 白腹凤鹛 *Erpornis zantholeuca* | White-bellied Erpornis | 周宇垣等（1981） |
| （三十一）山椒鸟科 Campephagidae | | |

（续表）

| 物种Species | 英文名 English name | 文献来源 References |
|---|---|---|
| 115. 暗灰鹃鵙 *Lalage melaschistos* | Black-winged Cuckoo-shrike | Vaughan *et al.*（1913） |
| 116. 灰山椒鸟 *Pericrocotus divaricatus* | Ashy Minivet | 周宇垣等（1981） |
| 117. 灰喉山椒鸟 *Pericrocotus solaris* | Grey-chinned Minivet | Vaughan *et al.*（1913） |
| 118. 短嘴山椒鸟 *Pericrocotus brevirostris* | Short-billed Minivet | Vaughan *et al.*（1913） |
| 119. 赤红山椒鸟 *Pericrocotus flammeus* | Scarlet Minivet | Vaughan *et al.*（1913） |
| （三十二）卷尾科 Dicruridae | | |
| 120. 黑卷尾 *Dicrurus macrocercus* | Black Drongo | 周宇垣等（1981） |
| 121. 灰卷尾 *Dicrurus leucophaeus* | Ashy Drongo | Vaughan *et al.*（1913） |
| 122. 发冠卷尾 *Dicrurus hottentottus* | Hair-crested Drongo | Vaughan *et al.*（1913） |
| （三十三）王鹟科 Monarchinae | | |
| 123. 黑枕王鹟 *Hypothymis azurea* | Black-naped Monarch | Lewthwaite（1995） |
| 124. 寿带 *Terpsiphone incei* | Amur Paradise-Flycatcher | Vaughan *et al.*（1913） |
| 125. 紫寿带 *Terpsiphone atrocaudata* | Japanese Paradise-Flycatcher | KFBG（2002） |
| （三十四）伯劳科 Laniidae | | |
| 126. 虎纹伯劳 *Lanius tigrinus* | Tiger Shrike | 周宇垣等（1981） |
| 127. 牛头伯劳 *Lanius bucephalus* | Bull-headed Shrike | 张强（2011） |
| 128. 红尾伯劳 *Lanius cristatus* | Brown Shrike | 周宇垣等（1981） |
| 129. 栗背伯劳 *Lanius collurioides* | Burmese Shrike | 周宇垣等（1981） |
| 130. 棕背伯劳 *Lanius schach* | Long-tailed Shrike | 周宇垣等（1981） |
| （三十五）鸦科 Corvidae | | |
| 131. 松鸦 *Garrulus glandarius* | Eurasian Jay | Vaughan *et al.*（1913） |
| 132. 红嘴蓝鹊 *Urocissa erythroryncha* | Red-billed Blue Magpie | Vaughan *et al.*（1913） |
| 133. 灰树鹊 *Dendrocitta formosae* | Grey Treepie | Lewthwaite（1995） |
| 134. 喜鹊 *Pica pica* | Common Magpie | 周宇垣等（1981） |
| 135. 秃鼻乌鸦 *Corvus frugilegus* | Rook | Vaughan *et al.*（1913） |
| 136. 白颈鸦 *Corvus pectoralis* | Collared Crow | 周宇垣等（1981） |
| 137. 大嘴乌鸦 *Corvus macrorhynchos* | Large-billed Crow | 周宇垣等（1981） |
| （三十六）玉鹟科 Stenostiridae | | |
| 138. 方尾鹟 *Culicicapa ceylonensis* | Grey-headed Canary Flycatcher | Vaughan *et al.*（1913） |
| （三十七）山雀科 Paridae | | |
| 139. 黄腹山雀 *Pardaliparus venustulus* | Yellow-bellied Tit | Lewthwaite（1995） |
| 140. 大山雀 *Parus cinereus* | Cinereous Tit | Vaughan *et al.*（1913） |
| 141. 黄颊山雀 *Machlolophus spilonotus* | Yellow-cheeked Tit | 廖维平（1982） |

（续表）

| 物种Species | 英文名 English name | 文献来源 References |
|---|---|---|
| （三十八）扇尾莺科 Cisticolidae | | |
| 142. 棕扇尾莺 *Cisticola juncidis* | Zitting Cisticola | 周宇垣等（1981） |
| 143. 黑喉山鹪莺 *Prinia atrogularis* | Black-throated Prinia | 周放（1986） |
| 144. 暗冕山鹪莺 *Prinia rufescens* | Rufescent Prinia | Lewthwaite（1995） |
| 145. 黄腹山鹪莺 *Prinia flaviventris* | Yellow-bellied Prinia | Vaughan *et al.*（1913） |
| 146. 纯色山鹪莺 *Prinia inornata* | Plain Prinia | Lewthwaite（1995） |
| 147. 长尾缝叶莺 *Orthotomus sutorius* | Common Tailorbird | Vaughan *et al.*（1913） |
| （三十九）苇莺科 Acrocephalidae | | |
| 148. 东方大苇莺 *Acrocephalus orientalis* | Oriental Reed Warbler | 周宇垣等（1981） |
| （四十）鳞胸鹪鹛科 Pnoepygidae | | |
| 149. 小鳞胸鹪鹛 *Pnoepyga pusilla* | Pygmy Wren Babbler | 周放（1986） |
| （四十一）蝗莺科 Locustellidae | | |
| 150. 高山短翅蝗莺 *Locustella mandelli* | Russet Bush Warbler | Lewthwaite（1995） |
| （四十二）燕科 Hirundinidae | | |
| 151. 崖沙燕 *Riparia riparia* | Sand Martin | 周宇垣等（1981） |
| 152. 家燕 *Hirundo rustica* | Barn Swallow | 周宇垣等（1981） |
| 153. 烟腹毛脚燕 *Delichon dasypus* | Asian House Martin | Lewthwaite（1995） |
| 154. 金腰燕 *Cecropis daurica* | Red-rumped Swallow | Vaughan *et al.*（1913） |
| （四十三）鹎科 Pycnonotidae | | |
| 155. 红耳鹎 *Pycnonotus jocosus* | Red-whiskered Bulbul | Vaughan *et al.*（1913） |
| 156. 白头鹎 *Pycnonotus sinensis* | Light-vented Bulbul | Vaughan *et al.*（1913） |
| 157. 白喉红臀鹎 *Pycnonotus aurigaster* | Sooty-headed Bulbul | 周宇垣等（1981） |
| 158. 绿翅短脚鹎 *Ixos mcclellandii* | Mountain Bulbul | 周宇垣等（1981） |
| 159. 栗背短脚鹎 *Hemixos castanonotus* | Chestnut Bulbul | Vaughan *et al.*（1913） |
| 160. 黑短脚鹎 *Hypsipetes leucocephalus* | Black Bulbul | 周宇垣等（1981） |
| （四十四）柳莺科 Phylloscopidae | | |
| 161. 褐柳莺 *Phylloscopus fuscatus* | Dusky Warbler | 周宇垣等（1981） |
| 162. 黄腰柳莺 *Phylloscopus proregulus* | Pallas's Leaf Warbler | Vaughan *et al.*（1913） |
| 163. 黄眉柳莺 *Phylloscopus inornatus* | Yellow-browed Warbler | Vaughan *et al.*（1913） |
| 164. 极北柳莺 *Phylloscopus borealis* | Arctic Warbler | Lewthwaite（1995） |
| 165. 暗绿柳莺 *Phylloscopus trochiloides* | Greenish Warbler | 周宇垣等（1981） |
| 166. 淡脚柳莺 *Phylloscopus tenellipes* | Pale-legged Leaf Warbler | Lewthwaite（1995） |
| 167. 冕柳莺 *Phylloscopus coronatus* | Eastern Crowned Warbler | Lewthwaite（1995） |

（续表）

| 物种Species | 英文名 English name | 文献来源 References |
|---|---|---|
| 168. 华南冠纹柳莺 *Phylloscopus goodsoni* | Hartert's Leaf Warbler | Lewthwaite（1995） |
| 169. 比氏鹟莺 *Seicercus valentini* | Bianchi's Warbler | Vaughan *et al.*（1913） |
| 170. 栗头鹟莺 *Seicercus castaniceps* | Chestnut-crowned Warbler | Lewthwaite（1995） |
| （四十五）树莺科 Cettiidae | | |
| 171. 栗头织叶莺 *Phyllergates cucullatus* | Mountain Tailorbird | Lewthwaite（1995） |
| 172. 短翅树莺 *Horornis diphone* | Japanese Bush Warbler | 廖维平（1982） |
| 173. 远东树莺 *Horornis canturians* | Manchurian Bush Warbler | Lewthwaite（1995） |
| 174. 强脚树莺 *Horornis fortipes* | Brownish-flanked Bush Warbler | Lewthwaite（1995） |
| 175. 鳞头树莺 *Urosphena squameiceps* | Asian Stubtail | 周宇垣等（1981） |
| （四十六）长尾山雀科 Aegithalidae | | |
| 176. 红头长尾山雀 *Aegithalos concinnus* | Black-throated Bushtit | 周宇垣等（1981） |
| （四十七）绣眼鸟科 Zosteropidae | | |
| 177. 栗耳凤鹛 *Yuhina castaniceps* | Striated Yuhina | 周宇垣等（1981） |
| 178. 暗绿绣眼鸟 *Zosterops japonicus* | Japanese White-eye | 周宇垣等（1981） |
| （四十八）林鹛科 Timaliidae | | |
| 179. 棕颈钩嘴鹛 *Pomatorhinus ruficollis* | Streak-breasted Scimitar Babbler | Vaughan *et al.*（1913） |
| 180. 斑颈穗鹛 *Stachyris strialata* | Spot-necked Babbler | 周宇垣等（1981） |
| 181. 红头穗鹛 *Cyanoderma ruficeps* | Rufous-capped Babbler | Vaughan *et al.*（1913） |
| （四十九）幽鹛科 Pellorneidae | | |
| 182. 褐顶雀鹛 *Schoeniparus brunneus* | Dusky Fulvetta | 高育仁（1998） |
| 183. 灰眶雀鹛 *Alcippe morrisonia* | Grey-cheeked Fulvetta | Vaughan *et al.*（1913） |
| （五十）噪鹛科 Leiothrichidae | | |
| 184. 画眉 *Garrulax canorus* | Hwamei | 周宇垣等（1981） |
| 185. 黑脸噪鹛 *Garrulax perspicillatus* | Masked Laughingthrush | 周宇垣等（1981） |
| 186. 小黑领噪鹛 *Garrulax monileger* | Lesser Necklaced Laughingthrush | 张强（2011） |
| 187. 黑领噪鹛 *Garrulax pectoralis* | Greater Necklaced Laughingthrush | 廖维平（1982） |
| 188. 黑喉噪鹛 *Garrulax chinensis* | Black-throated Laughingthrush | 周宇垣等（1981） |
| 189. 白颊噪鹛 *Garrulax sannio* | White-browed Laughingthrush | Vaughan *et al.*（1913） |
| 190. 红嘴相思鸟 *Leiothrix lutea* | Red-billed Leiothrix | Lewthwaite（1995） |
| （五十一）䴓科 Sittidae | | |
| 191. 绒额䴓 *Sitta frontalis* | Velvet-fronted Nuthatch | Lewthwaite（1995） |
| （五十二）鹪鹩科 Troglodytidae | | |
| 192. 鹪鹩 *Troglodytes troglodytes* | Eurasian Wren | Vaughan *et al.*（1913） |

（续表）

| 物种Species | 英文名 English name | 文献来源 References |
|---|---|---|
| （五十三）河乌科 Cinclidae | | |
| 193. 褐河乌 *Cinclus pallasii* | Brown Dipper | Vaughan *et al.*（1913） |
| （五十四）椋鸟科 Sturnidae | | |
| 194. 八哥 *Acridotheres cristatellus* | Crested Myna | 周宇垣等（1981） |
| 195. 丝光椋鸟 *Spodiopsar sericeus* | Silky Starling | 周宇垣等（1981） |
| 196. 黑领椋鸟 *Gracupica nigricollis* | Black-collared Starling | 周宇垣等（1981） |
| 197. 北椋鸟 *Agropsar sturninus* | Daurian Starling | 周宇垣等（1981） |
| 198. 灰背椋鸟 *Sturnia sinensis* | White-shouldered Starling | 周宇垣等（1981） |
| （五十五）鸫科 Turdidae | | |
| 199. 橙头地鸫 *Geokichla citrina* | Orange-headed Thrush | 廖维平（1982） |
| 200. 白眉地鸫 *Geokichla sibirica* | Siberian Thrush | Lewthwaite（1995） |
| 201. 虎斑地鸫 *Zoothera aurea* | White's Thrush | Vaughan *et al.*（1913） |
| 202. 灰背鸫 *Turdus hortulorum* | Grey-backed Thrush | Vaughan *et al.*（1913） |
| 203. 乌灰鸫 *Turdus cardis* | Japanese Thrush | Vaughan *et al.*（1913） |
| 204. 乌鸫 *Turdus mandarinus* | Chinese Blackbird | 周宇垣等（1981） |
| 205. 白眉鸫 *Turdus obscurus* | Eyebrowed Thrush | Lewthwaite（1995） |
| 206. 白腹鸫 *Turdus pallidus* | Pale Thrush | 廖维平（1982） |
| 207. 斑鸫 *Turdus eunomus* | Dusky Thrush | 廖维平（1982） |
| （五十六）鹟科 Muscicapidae | | |
| 208. 红尾歌鸲 *Larvivora sibilans* | Rufous-tailed Robin | 周宇垣等（1981） |
| 209. 红喉歌鸲 *Calliope calliope* | Siberian Rubythroat | * |
| 210. 蓝喉歌鸲 *Luscinia svecica* | Bluethroat | Vaughan *et al.*（1913） |
| 211. 红胁蓝尾鸲 *Tarsiger cyanurus* | Orange-flanked Bluetail | 周宇垣等（1981） |
| 212. 白喉短翅鸫 *Brachypteryx leucophris* | Lesser Shortwing | * |
| 213. 鹊鸲 *Copsychus saularis* | Oriental Magpie Robin | Vaughan *et al.*（1913） |
| 214. 北红尾鸲 *Phoenicurus auroreus* | Daurian Redstart | 周宇垣等（1981） |
| 215. 红尾水鸲 *Rhyacornis fuliginosa* | Plumbeous Water Redstart | Vaughan et al.（1913） |
| 216. 白尾蓝地鸲 *Myiomela leucurum* | White-tailed Robin | * |
| 217. 紫啸鸫 *Myophonus caeruleus* | Blue Whistling Thrush | Vaughan *et al.*（1913） |
| 218. 灰背燕尾 *Enicurus schistaceus* | Slaty-backed Forktail | Vaughan *et al.*（1913） |
| 219. 白额燕尾 *Enicurus leschenaulti* | White-crowned Forktail | Lewthwaite（1995） |
| 220. 黑喉石䳭 *Saxicola maurus* | Siberian Stonechat | 周宇垣等（1981） |
| 221. 灰林䳭 *Saxicola ferreus* | Grey Bushchat | Vaughan *et al.*（1913） |

（续表）

| 物种Species | 英文名 English name | 文献来源 References |
|---|---|---|
| 222. 乌鹟 *Muscicapa sibirica* | Dark-sided Flycatcher | Lewthwaite（1995） |
| 223. 北灰鹟 *Muscicapa dauurica* | Asian Brown Flycatcher | 周宇垣等（1981） |
| 224. 褐胸鹟 *Muscicapa muttui* | Brown-breasted Flycatcher | Lewthwaite（1995） |
| 225. 白眉姬鹟 *Ficedula zanthopygia* | Yellow-rumped Flycatcher | Lewthwaite（1995） |
| 226. 黄眉姬鹟 *Ficedula narcissina* | Narcissus Flycatcher | 周宇垣等（1981） |
| 227. 鸲姬鹟 *Ficedula mugimaki* | Mugimaki Flycatcher | Lewthwaite（1995） |
| 228. 橙胸姬鹟 *Ficedula strophiata* | Rufous-gorgeted Flycatcher | Lewthwaite（1995） |
| 229. 红喉姬鹟 *Ficedula albicilla* | Taiga Flycatcher | Lewthwaite（1995） |
| 230. 白腹蓝鹟 *Cyanoptila cyanomelana* | Blue-and-white Flycatcher | 周宇垣等（1981） |
| 231. 铜蓝鹟 *Eumyias thalassinus* | Verditer Flycatcher | 廖维平（1982） |
| 232. 白喉林鹟 *Cyornis brunneatus* | Brown-chested Jungle Flycatcher | 张强（2011） |
| 233. 海南蓝仙鹟 *Cyornis hainanus* | Hainan Blue Flycatcher | Vaughan *et al.*（1913） |
| 234. 棕腹大仙鹟 *Niltava davidi* | Fujian Niltava | Lewthwaite（1995） |
| （五十七）叶鹎科 Chloropseidae | | |
| 235. 橙腹叶鹎 *Chloropsis hardwickii* | Orange-bellied Leafbird | 周放（1986） |
| （五十八）啄花鸟科 Dicaeidae | | |
| 236. 纯色啄花鸟 *Dicaeum concolor* | Plain Flowerpecker | Vaughan *et al.*（1913） |
| 237. 红胸啄花鸟 *Dicaeum ignipectus* | Fire-breasted Flowerpecker | 周宇垣等（1981） |
| 238. 朱背啄花鸟 *Dicaeum cruentatum* | Scarlet-backed Flowerpecker | 周宇垣等（1981） |
| （五十九）花蜜鸟科 Nectariniidae | | |
| 239. 叉尾太阳鸟 *Aethopyga christinae* | Fork-tailed Sunbird | Vaughan *et al.*（1913） |
| （六十）梅花雀科 Estrildidae | | |
| 240. 白腰文鸟 *Lonchura striata* | White-rumped Munia | 周宇垣等（1981） |
| 241. 斑文鸟 *Lonchura punctulata* | Scaly-breasted Munia | Vaughan *et al.*（1913） |
| （六十一）雀科 Passeridae | | |
| 242. 麻雀 *Passer montanus* | Eurasian Tree Sparrow | 周宇垣等（1981） |
| （六十二）鹡鸰科 Motacillidae | | |
| 243. 山鹡鸰 *Dendronanthus indicus* | Forest Wagtail | 周宇垣等（1981） |
| 244. 黄鹡鸰 *Motacilla tschutschensis* | Eastern Yellow Wagtail | 周宇垣等（1981） |
| 245. 黄头鹡鸰 *Motacilla citreola* | Citrine Wagtail | 周宇垣等（1981） |
| 246. 灰鹡鸰 *Motacilla cinerea* | Grey Wagtail | 周宇垣等（1981） |
| 247. 白鹡鸰 *Motacilla alba* | White Wagtail | 周宇垣等（1981） |
| 248. 田鹨 *Anthus richardi* | Richard's Pipit | 周宇垣等（1981） |

（续表）

| 物种Species | 英文名 English name | 文献来源 References |
| --- | --- | --- |
| 249. 树鹨 *Anthus hodgsoni* | Oliver-backed Pipit | 周宇垣等（1981） |
| 250. 红喉鹨 *Anthus cervinus* | Red-throated Pipit | 周宇垣等（1981） |
| 251. 黄腹鹨 *Anthus rubescens* | Buff-bellied Pipit | Lewthwaite（1995） |
| （六十三）燕雀科 Fringillidae | | |
| 252. 黑尾蜡嘴雀 *Eophona migratoria* | Chinese Grosbeak | 周宇垣等（1981） |
| 253. 普通朱雀 *Carpodacus erythrinus* | Common Rosefinch | 廖维平（1982） |
| 254. 金翅雀 *Chloris sinica* | Grey-capped Greenfinch | 周宇垣等（1981） |
| （六十四）鹀科 Emberizidae | | |
| 255. 凤头鹀 *Melophus lathami* | Crested Bunting | 周宇垣等（1981） |
| 256. 白眉鹀 *Emberiza tristrami* | Tristram's Bunting | 廖维平（1982） |
| 257. 栗耳鹀 *Emberiza fucata* | Chestnut-eared Bunting | Vaughan *et al.*（1913） |
| 258. 小鹀 *Emberiza pusilla* | Little Bunting | 周宇垣等（1981） |
| 259. 栗鹀 *Emberiza rutila* | Chestnut Bunting | 周宇垣等（1981） |
| 260. 灰头鹀 *Emberiza spodocephala* | Black-faced Bunting | 周宇垣等（1981） |

注：1. 鸟类分类系统主要依据郑光美2017年出版的《中国鸟类分类与分布名录》（第三版）；
2. “*”表示保护区新记录物种，为2013—2017年的野外调查结果。

# 附录II 学名索引

# 附录Ⅲ 英文名索引

# 附录Ⅳ　中文名索引